蛋白质晶体学与药物发现

张寿德　主　编

吴　穹　赵鹏翔　副主编

PROTEIN CRYSTALLOGRAPHY
AND DRUG DISCOVERY

化学工业出版社

·北京·

内容简介

本书系统阐述了蛋白质晶体学研究的原理和方法，包括蛋白质纯化、培养蛋白质晶体、X 射线衍射实验、数据处理和结构解析等方面内容，同时还介绍了蛋白质晶体学在药物研究中的应用。

本书不仅可以为蛋白质晶体学的初学者提供参考，让其快速了解蛋白质晶体学的研究方法和原理，同时也可以为从事药物设计的学者在利用蛋白质晶体学研究药物与蛋白质相互作用时提供有力支撑。

图书在版编目（CIP）数据

蛋白质晶体学与药物发现 / 张寿德主编；吴穹，赵鹏翔副主编. — 北京 : 化学工业出版社，2025. 3.
ISBN 978-7-122-47321-9

Ⅰ. O7；R9

中国国家版本馆 CIP 数据核字第 2025C4K349 号

责任编辑：刘　军　孙高洁　冉海滢　　　文字编辑：白华霞
责任校对：王　静　　　　　　　　　　　　装帧设计：王晓宇

出版发行：化学工业出版社（北京市东城区青年湖南街 13 号　邮政编码 100011）
印　　装：涿州市殷润文化传播有限公司
710mm×1000mm　1/16　印张 13　字数 224 千字
2025 年 5 月北京第 1 版第 1 次印刷

购书咨询：010-64518888　　　　　　　　售后服务：010-64518899
网　　址：http://www.cip.com.cn

本书编写人员名单

主　　编：张寿德

副 主 编：吴　穹　赵鹏翔

参编人员：（按姓名汉语拼音排序）

白　洁　曹成珠　何长廷　黄永春

马玉凤　齐丹诗　水金漫　苏玉东

苏占海　杨少华　张　洁　邹雯星

前言

蛋白质是生命体行使各种功能的主要载体，如各种酶催化反应产生人体所需的能量、各种蛋白质相互作用产生细胞信号的转导等。而蛋白质不同的结构是蛋白质发挥不同功能的基础，如微管蛋白由 α-微管蛋白和 β-微管蛋白两种亚型聚合而成并呈现出细长的结构。在真核生物中，微管是细胞骨架的主要成分之一，并且在许多过程中起作用，包括细胞内转运、有丝分裂等。而 G 蛋白偶联受体是一种含有 7 个 α 跨膜螺旋结构的蛋白质，主要负责将胞外的信号转导到胞内。由此可见对蛋白质结构的研究是认知生命科学的基础。蛋白质晶体学是利用 X 射线衍射技术来解析蛋白质结构的一门学科，是结构生物学的重要组成部分。自 20 世纪 50 年代英国科学家利用蛋白质晶体学技术解析出第一个蛋白质结构以来，蛋白质晶体学技术已经成为结构生物学的主要研究手段。目前在蛋白质数据库（protein date bank，PDB）中总共解析的蛋白质结构数量多达 19 万个，而其中利用蛋白质晶体学技术解析的结构占到了 85% 左右。随着物理学技术和生物学技术的不断发展，蛋白质晶体学已经从解析简单的蛋白质三维结构延伸到解析各类生物大分子及复合物结构，不仅为蛋白质功能的挖掘提供了微观基础，还为靶向药物的设计提供了可靠的模型结构。

蛋白质晶体学是一门理论知识深奥，入门门槛高，而且是和多门学科（如生物、物理、数学、计算机等学科）相关联的交叉学科。蛋白质晶体学在我国起步较晚，能够从事蛋白质晶体学研究的研究团队也较少。由于该学科知识体系的复杂性和多学科交叉性，使得对蛋白质晶体学有需求的很多研究团队很难开展相关研究。其主要原因在于国内缺乏与蛋白质晶体学相关的参考书籍。

蛋白质晶体学不仅能解析蛋白质的结构，为其功能挖掘提供理论基础，还能为药物和蛋白质相互作用提供依据。因此，有很多背景不是结构生物学的研究人员想借用蛋白质晶体学的技术，但是由于其复杂的原理与方法，使得很多药物研究者望而止步。基于上述原因，本团队撰写了《蛋白质晶体学与药物发现》一书，希望能为对结构生物学感兴趣的学生提供学习的参考书，也能为从事药物研究的人员提供一点点帮助。

本书分为 11 章，以蛋白质晶体学的研究过程为主线。第 1 章主要介绍蛋白质晶体学的研究意义，主要由张寿德和吴穹完成。第 2～8 章分别从质粒构建到最终的蛋白质晶体结构解析进行一一介绍，让蛋白质晶体学的初学者能看懂并快速入门。其中，第 2 章由马玉凤、齐丹诗、杨少华、白洁等完成；第 3 章由苏占海、张洁、邹雯星、苏玉东、何长廷等完成；第 4 章由张寿德和齐丹诗完成；第 5 章～第 7 章由张寿德和赵鹏翔完成；第 8 章由张寿德和吴穹完成。第 9 章介绍了蛋白质晶体学中应用到的一些软件，由张寿德、吴穹、赵鹏翔等完成。第 10 章介绍了靶向药物筛选的方法，由张寿德、曹成珠、水金漫、黄永春等完成。第 11 章介绍了如何利用蛋白质晶体学研究药物与蛋白质相互作用，由张寿德和苏玉东完成。

本书在编写中力求用通俗易懂的语言和简单明了的图片让读者用较少的时间了解和掌握更多的蛋白质晶体学知识。由于蛋白质晶体学是一门国际通用标准术语较多的学科，因此为了初学者能更好地理解术语的含义，本书中很多术语没有进行中文翻译。尽管我们想把这本书写得更好一些，为此也付出了很大努力，但由于蛋白质晶体学的复杂性和编者知识水平的限制，本书难免还有许多不足之处，我们诚挚地欢迎从事蛋白质晶体学的前辈和爱好者批评指正，以便再版时加以改进。

本书的撰写得到了许多人的帮助和支持，在此，向他们表示衷心的感谢。首先感谢从事蛋白质晶体学研究的前辈们，我们踩在你们的肩膀上才得以完成此书。其次要感谢 Bernhard Lohkamp 博士对于本书中蛋白质晶体学研究的指导，上海光源在团队进行衍射实验过程中提供的帮助，以及青海大学搭建的蛋白质晶体学研究平台。还要感谢青海省杰出青年基金（2023-ZJ-964J）、国家自然科学基金项目（22067016、22467019）、青海大学名师培育计划和青海省"昆仑英才·高端创新创业人才"计划对本书出版的资助。最后，我们要感谢所有阅读这本书的读者，希望本书对你们的研究和学习有所帮助。

编 者
2024 年 8 月

目录

第 1 章

蛋白质晶体学的重要性

PROTEIN CRYSTALLOGRAPHY
AND DRUG
DISCOVERY

1.1 什么是蛋白质晶体学

蛋白质晶体学是利用 X 射线晶体衍射技术解析蛋白质结构的一门学科，是结构生物学的重要组成部分[1,2]。X 射线照射晶体中周期性排列的分子或原子后在多个方向产生散射信号，其中部分散射信号在相位相同的方向通过叠加而进行放大，即 X 衍射，这种衍射信号被检测器捕获后通过数学解析转换成原子或分子的电子云密度图，从而可以解析出原子或分子的空间排列。蛋白质晶体学就是基于晶体学的基础，让处于溶液中的蛋白质分子通过一定的条件达到过饱和状态而慢慢产生晶体，并利用 X 衍射原理解析出蛋白质中各个氨基酸的空间排列的学科。

1895 年德国物理学家伦琴（W. C. Roentgen）因为发现 X 射线，而获得了诺贝尔物理学奖。X 射线因为具有极小的波长和极高的能量，为研究物质结构奠定了基础。19 世纪初德国物理学家劳厄（Max von Laue）发现了 X 衍射现象并提出了用 Laue 方程来描述晶体的 X 射线衍射规律。紧随其后，布拉格父子（The Braggs）发现了满足 X 衍射的条件方程，即 Bragg 方程，为蛋白质晶体学的发展奠定了基础。后期，随着同步辐射光源的发展和其他 X 衍射信号检测技术的出现，蛋白质晶体学技术不断完善。目前，蛋白质晶体学仍然是研究蛋白质结构中最普遍、最重要的一种方法。据统计，蛋白质数据库（protein data bank, PDB）中大于 85% 的蛋白质结构是通过蛋白质晶体学方法获得的（图 1-1）。

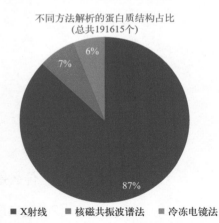

不同方法解析的蛋白质结构占比
（总共191615个）

■ X射线　　■ 核磁共振波谱法　　■ 冷冻电镜法

图 1-1　PDB 中不同方法解析的蛋白质结构数量占比（数据截止日期 2024 年 6 月）

蛋白质晶体学的终极目标就是解析出所研究蛋白质的结构，但这是一个时间较为漫长、过程相对复杂的过程。很多学者认为在研究蛋白质晶体学的过程中，只要得到蛋白质晶体就大功告成了，这是一个误区。如图 1-2 所示，蛋白质晶体学可以分为三个阶段，分别是以得到蛋白质晶体为目标的生物实验阶段，以获得完美衍射图为目标的物理实验阶段，以解析出蛋白质结构为目标的计算机和数学实验阶段。获得蛋白质晶体是蛋白质晶体学中的关键，也是最为耗时的工作，这部分研究工作主要在研究者自己的生物实验室完成，占到整个蛋白质晶体学工作的 60% 左右。这期间包含了关乎成败的三个重要节点，分别是构建能够表达目的蛋白质的质粒，表达并纯化出高纯度的目的蛋白质，找到适合结晶的条件并获得晶体。这个阶段的实验对于经常从事生物实验的研究者来说原理上没有什么难度，需要的就是耐心和运气。获得高分辨率晶体结构需要得到衍射良好的蛋白质晶体，没有晶体就没有晶体学。蛋白质、核酸或其分子复合物是大而灵活的大分子，很难自组装成晶体中规则的、周期性的重复排列，因此得到衍射良好的蛋白质晶体相当具有挑战性。第二阶段的物理实验就是将获得的蛋白质晶体带到同步辐射光源中以收集衍射数据。这个阶段就需要研究者掌握 X 射线衍射原理、晶体学原理、同步辐射等物理学相关知识。而且并不是有晶体就一定能收到数据，晶体很好看但是得不到衍射图的情况经常发生，所以这个阶段的工作也很重要，可以占到整个工作的 10% 左右。第三个阶段的主要任务是结合计算机和数学知识从获得的衍射图中解析出蛋白质结构。这个过程需要研究者掌握傅里叶转换、相位问题、倒置空间等数学知识。同时还要学会解析结构的软件，有些软件只能在 Linux 运行，所以基本的 Linux 知识也需要掌握。这部分工作的一个难点就是相位问题的解决，除此之外还包含结构的优化、数据上传等工作，占到整个工作的 30% 左右。

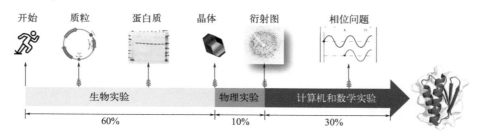

图 1-2　蛋白质晶体学的研究过程
（⫸表示在蛋白质晶体学过程中的几个重要节点）

1.2　蛋白质晶体学的原理

蛋白质晶体学研究的流程如图 1-3 所示，首先需要得到高质量的蛋白质晶体，然后借助同步辐射光源产生的高能量 X 射线对其进行衍射实验。此过程中规则排列的原子将入射的 X 射线衍射到多个特定方向，通过测量这些衍射光束的角度和强度，晶体学家可以生成晶体内各种原子的电子云密度图。从这个电子云密度图，可以确定原子在晶体中的平均位置，以及原子间的化学键、晶体无序和各种其他信息，最后可确定出蛋白质的三维结构并存储到 PDB 数据库中（https://www.rcsb.org/）。

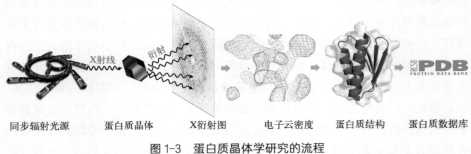

| 同步辐射光源 | 蛋白质晶体 | X衍射图 | 电子云密度 | 蛋白质结构 | 蛋白质数据库 |

图 1-3 蛋白质晶体学研究的流程

1.3 蛋白质晶体学的意义

1.3.1 蛋白质生物功能挖掘的主要方法

蛋白质特定的空间结构是行使生物功能的基础。由 20 余种氨基酸组成的不同蛋白质之所以能发挥出千差万别的生物功能，主要在于不同的序列组成使得蛋白质的空间结构各有不同。一个小小的驱动蛋白就能拖动大于自身好多倍的蛋白质沿微管运动，一个简单的基因突变就能导致人类身患癌症，这些神奇的生物学功能都离不开蛋白质特异的空间结构。

人们对蛋白质功能的认识是建立在对其结构的认识之上的。在没有确定蛋白质结构之前，科学家们很难从微观的角度去解释生物过程，更不清楚在生物过程中蛋白质是如何发挥作用的。如 G 蛋白偶联受体（GPCRs）是一类存在于真核生物中的膜蛋白受体，在很多细胞信号的转导中发挥着至关重要的作用。此外，GPCRs 与多种疾病相关并已成为一类重要的药物靶标，目前大约 40% 的现代药物都以 GPCRs 作为靶点。在没有确定 GPCRs 的结构之前，科学家无法确定 GPCRs 是如何结合细胞周围环境中的配体的，更无法确定 GPCRs 结合配体之后是如何将信号传递到胞内的。如多巴胺是一种重要的神经递质，在中枢神经系统中发挥重要作用。它是通过激活五个不同的多巴胺受体亚型（属于 GPCR 超家族）来发挥作用的。在未得到多巴胺受体的结构之前，多巴胺是如何结合其受体并发挥作用的机制并不清楚。如图 1-4 所示，当多巴胺的受体及其与一些拮抗分子的复合结构确定之后，人们就理解了多巴胺是如何发挥作用的。此外，通过抑制多巴胺受体来治疗成瘾性疾病已成为一种抗成瘾性药物的设计思路[3]。GPCRs 胞外区因结合的配体往往不一样，所以不同 GPCRs 之间的胞外区构型往往不同，但是胞内区相对比较稳定。eticlopride 为多巴胺受体 D3R 的拮抗剂，当结合在多巴胺受体 D3R 的胞外区之后可以稳定胞内区由 Arg128 和 Glu324 组成的"ionic lock"，从而让蛋白质稳定在失活状态。

蛋白质晶体学通过 X 衍射实验来解析出高分辨的蛋白质结构，为蛋白质结构的确定和功能挖掘奠定了生物学基础[4]。

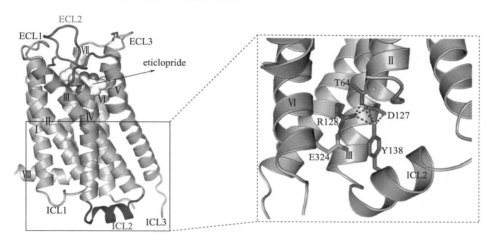

图 1-4　多巴胺受体 D3R 结合拮抗剂 eticlopride 的结构图
ECL1—第一胞外环区；ECL2—第二胞外环区；ECL3—第三胞外环区；ICL1—第一胞内环区；
ICL2—第二胞内环区；ICL3—第三胞内环区；Ⅰ～Ⅶ—七个跨膜区

1.3.2　靶向药物研究的基础

多数疾病的发生在微观层面往往是因为基因表达发生变化或基因突变导致的蛋白质功能异常。如肠道中二肽基肽酶 4（DPP-Ⅳ）的过表达会导致胰高血糖素样肽-1（glucagon-like peptide-1，GLP-1）的快速降解，而 GLP-1 的主要作用是在餐后以葡萄糖依赖的方式促进胰岛 β 细胞分泌胰岛素从而降低血糖，且不易诱发低血糖。因此，DPP-Ⅳ过表达最终会导致糖尿病的发生[5]。靶向药物设计的理念就是通过让药物结合在这些异常蛋白发挥活性的位点来调控其功效，从而达到对疾病的治疗效果。DPP-Ⅳ抑制剂可以通过结合在 DPP-Ⅳ 的催化位点来抑制其对 GLP-1 的降解，从而恢复 GLP-1 对血糖的正常调节作用，因此多个 DPP-Ⅳ抑制剂已经成为治疗糖尿病的潜在药物[6]。

药物和蛋白质的相互作用是两个三维立体分子之间的特异性作用，犹如一把钥匙和一把锁之间的关系，只有完美的配合才能调节蛋白质的功能。药物和蛋白质之间的这种配合受药物与活性口袋之间的匹配性，以及氢键、疏水作用、亲水作用、范德华力、盐桥等分子间相互作用的影响[7]，因此疾病靶标的三维结构对设计相应的药物至关重要。当一种在疾病中发挥关键作用的蛋白质的结构确定之后，药物学家就可以根据蛋白质活性位点的结构信息，如口袋大小、疏水区域、亲水区域等，设计出高亲和力的药物分子，对蛋白质活性进行抑制或激活，这种被设计出的药物也叫靶向药物。靶向药物的特点在于在体内可以精准地识别自己的作用靶标并以高亲和力的方式结合，而不与其他靶标结合，从而体现出药效好、副作用小的优势，因此成为药物研究的一种趋势。

此外，随着人工智能技术的不断发展，基于靶标蛋白结构的虚拟筛选因具有省时、省力、省钱的特点而成为药物筛选初期的重要方法。流程如图 1-5 所示，先通过分子对接的方法从化合物库中计算出与靶标蛋白活性位点结合力较强的活性成分，然后通过体内外活性确认之后成为一个候选药物，并进行进一步的临床前和临床试验。另外，基于靶标蛋白活性位点的从头药物设计，可以基于靶标蛋白活性位点的特性，如口袋大小、口袋中氨基酸残基的性质等，设计出一种全新分子。这种方法的优点在于设计出的分子与靶标蛋白具有高亲和力，难点在于设计的全新分子是否能够被人工合成。可见，不管是虚拟筛选还是从头药物设计，都需要已知靶标蛋白的结构作为基础，尤其是活性位点的结构，因此确定蛋白质的结构对药物筛选具有重要意义[8,9]。

目前药物作用的靶标蛋白和位点根据其结构和功能主要可以分为三类：

（1）蛋白质-蛋白质相互作用位点 蛋白质-蛋白质相互作用（PPI）在体内细胞信号转导过程中发挥着重要作用。然而，一些过度的信号转导成为引发疾病的主要原因，设计抑制此类 PPI 的抑制剂已经成为药物学家设计新药的一种思路。如 Bcl-2 蛋白家族中促凋亡蛋白和抑凋亡蛋白之间的相互作用位点经常被用来设计抗肿瘤药物。Bcl-2 蛋白家族是一组细胞内调控细胞凋亡的关键蛋白，成员可分为 2 大类：抑凋亡蛋白（Bcl-2、Bcl-x_L、Mcl-1 等）和促凋亡蛋白（Bax、Bak、Bid、Bad）。在正常细胞中抑凋亡蛋白和促凋亡蛋白可通过形成同源或异源二聚体来调节细胞凋亡。而在肿瘤细胞中抑凋亡蛋白的表达量会异常增加，并通过与促凋亡蛋白结合成更多的异源二聚体，如 Bcl-2/Bax 二聚体，来中和更多促凋亡蛋白的活性，从而抑制细胞的凋亡导致肿瘤的发生。因此，抑制抑凋亡蛋白与促凋亡蛋白之间二聚体的形成已成为设计抗肿瘤药物的一种思路。两种蛋白的复合物晶体结构显示它们以促凋亡蛋白 C 末端的一段肽链插入到抑凋亡蛋白表面的活性位点来形成相互作用。如图 1-6（a）所示为抑凋亡蛋白 Bcl-x_L 和

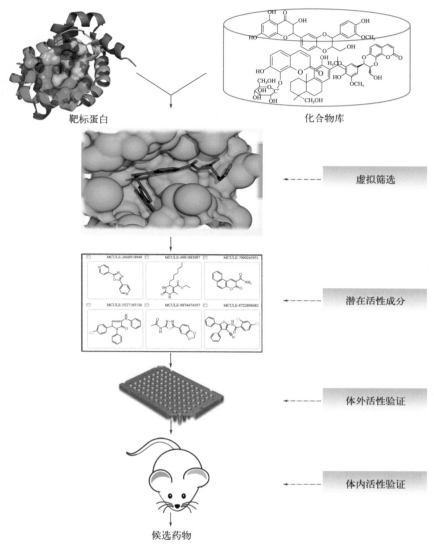

靶标蛋白   化合物库

虚拟筛选

潜在活性成分

体外活性验证

体内活性验证

候选药物

图1-5　药物虚拟筛选的流程

促凋亡蛋白 Bim 的 C 末端肽链的结合模式[10]。药物学家基于此结合模式设计出了能够以更强的亲和力结合在 Bcl-x_L 活性位点上的小分子抑制剂。如 Bcl-x_L 抑制剂 ABT737［图 1-6（b）］可竞争性地结合在 Bcl-x_L 蛋白中结合 Bim 蛋白 C 末端肽链的结合位点上，从而可释放出更多的促凋亡蛋白 Bim，发挥促凋亡活性[11]。

　　生命体中多数蛋白质是通过与其他蛋白质的相互作用来发挥作用的，这种作用有的是用来相互制衡两种蛋白质的活性，如 Bcl-2/Bax[12]、MDM2/p53[13] 等；有的是向上下游传递细胞信号，如 Rho GTPase 家族中 Rac1 蛋白分别通过结合

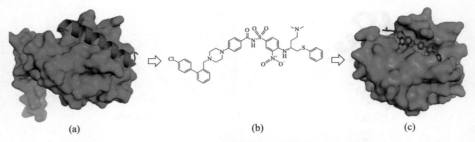

(a)　　　　　　　　　　　　(b)　　　　　　　　　　　　(c)

图 1-6　基于 Bcl-xL-Bim 相互作用模式的药物设计思路
(a) Bcl-x$_L$-Bim 相互作用模式（PDB: 3FDL）
(b) ABT737 分子结构
(c) ABT737 与 Bcl-x$_L$ 的结合模式（PDB: 2YXJ）

效应蛋白 WASP 蛋白（Wiskott-Aldrich syndrome protein）和 WAVE1/2 蛋白（WASP family verprolin homologous protein 1 or 2）来调控肌动蛋白的聚合，从而形成丝状伪足和板状伪足[14]。基于 PPI 的药物设计思路以阻断两种蛋白质的相互作用，来抑制某种蛋白质的活性或信号通路的信号传递。这种设计的前提是需要清楚两种蛋白质的相互作用模式，也就是两种蛋白质复合体的结构。

（2）酶　酶主要是一类充当生物催化剂的蛋白质，通过将底物转化为不同的分子来发挥功效。细胞中几乎所有代谢过程都需要酶催化，以便以足够快的速度维持生命。目前已知的酶可催化 500 多种生化反应类型。按照酶的功能可以将酶分为六类：

氧化还原酶：催化氧化 / 还原反应；

转移酶：转移官能团（例如甲基或磷酸基团）；

水解酶：催化各种键的水解；

裂解酶：通过水解和氧化以外的方式裂解各种键；

异构酶：催化单个分子内的异构化变化；

连接酶：用共价键连接两个分子。

有些酶不需要额外的协助就可以完成对底物的催化，而有些酶则需要辅酶（如 NAD、NADP$^+$ 等）的参与才能完成催化反应。因此基于酶的药物设计通常基于底物结合位点和 ATP 结合位点。

① 底物结合位点，也就是酶催化位点。基于这类位点设计的药物通常是和酶的底物竞争性地结合在酶催化位点，从而阻止酶对底物的催化。PDE5 为环磷酸鸟苷（cGMP）特异性 5 型磷酸二酯酶。在正常的生理过程中，神经细胞分泌的 NO 与平滑肌上的受体结合，激活平滑肌细胞内鸟苷酸环化酶活性并将 GTP 转化为 cGMP，cGMP 进一步激活控制钙离子通道的蛋白激酶 G（PKG），从而使钙离子外流导致平滑肌松弛，然后血液流入，实现肺动脉压力降低、生理性

勃起等功能。如图 1-7 所示，PDE5 是一种特异性结合 cGMP 并将对方降解为鸟苷酸（GMP）的酶。如果抑制 PDE5 的活性让 cGMP 持续发挥功效，就可起到治疗勃起功能障碍、降低肺动脉高压等作用。西地那非就是通过结合在 PDE5 的 cGMP 位点来抑制其活性的，该药物在临床上用于治疗勃起功能障碍和肺动脉高压[15]。

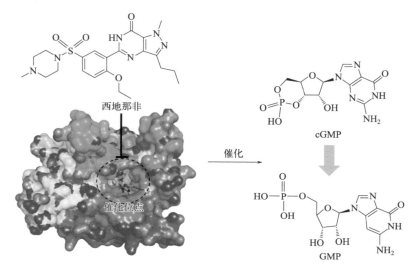

图 1-7　PDE5 的催化机理

② ATP 结合位点。ATP 是激酶将底物磷酸化过程中提供磷酸基团的高能分子，抑制其与激酶的结合会抑制激酶对底物的磷酸化，从而抑制激酶的功效。很多基于激酶的药物都是通过竞争性结合的方式结合在激酶 ATP 结合位点进而导致酶的催化功能减弱。如图 1-8 所示，治疗慢性粒细胞白血病的药物伊马替尼（Imatinib）通过结合在酪氨酸激酶 BCR-ABL 蛋白的 ATP 结合位点上，从而阻止此蛋白质对底物的磷酸化进程和下游信号的激活过程，达到抑制 BCR-ABL 促使细胞无限扩增的效果[16]。

（3）G 蛋白偶联受体（GPCRs）　GPCRs 是一类将胞外信号传递到胞内的跨膜受体蛋白，FDA 批准的药物中有 34% 的药物作用于这类蛋白质，全球每年基于此类靶标的药物销售额达到 1800 亿美元[17]。此类蛋白质的共同点是其立体结构都有 7 个跨膜 α 螺旋结构。研究显示 GPCRs 是一类只存在于真核生物之中的受体蛋白，主要功能是参与细胞的多种信号转导过程。

GPCRs 根据序列同源性和功能相似性分为 A ～ F 六个类型，分别为视紫红质样（rhodopsin-like）、分泌素受体家族（secretin receptor family）、促代谢型谷氨酸 / 信息素（metabotropic glutamate/pheromone）、真菌交配信息素受体（fungal mating pheromone receptors）、环 AMP 受体（cyclic AMP receptors）、卷曲 / 光滑

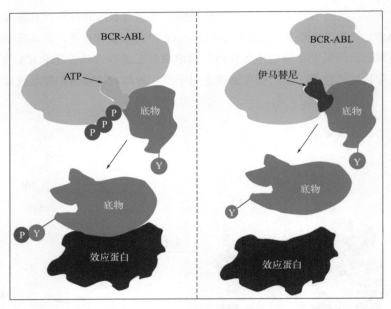

图 1-8　伊马替尼的作用机制

ATP—三磷酸腺苷；P—磷酸基团；Y—磷酸化位点

蛋白（frizzled/smoothened）。其中 A 类占据了所有 GPCRs 的 85%，而嗅觉受体又占到了 A 类 GPCRs 的一半，其余部分为内源性物质靶向受体或为孤儿受体。GPCRs 根据其生理作用又被分为控制视觉、味觉、嗅觉、行为和情绪、免疫系统活性和炎症、自主神经系统传输、细胞密度感应、体内平衡、肿瘤生长和转移、内分泌系统等十类。

　　GPCRs 的结构如图 1-9 所示，它从膜外的 N 端开始，连接了由 3 个膜外 loop 结构（EL-1 ～ EL-3）和 3 个膜内 loop 结构（IL-1 ～ IL-3）相连的 7 个跨膜 α 螺旋结构（TM-1 ～ TM-7），最终以膜内的 C 端结束。其中膜外 loop 结构中含有两个高度保守的半胱氨酸，其通过形成二硫键来稳定受体的结构。G 蛋白偶联受体能结合细胞周围环境中的化学物质并激活细胞内的一系列信号通路，最终引起细胞状态的改变。GPCRs 响应由多种激动剂介导的细胞外信号，这些激动剂包括气味分子、费洛蒙、激素、神经递质、趋化因子等，如腺苷、蛙皮素、缓激肽、内皮素、γ-氨基丁酸（GABA）、肝细胞生长因子（HGF）、黑皮质素、神经肽 Y、阿片类肽、视蛋白、生长抑素、生长激素（GH）、速激肽、血管活性肠肽家族成员和血管升压素、生物胺（多巴胺、肾上腺素、去甲肾上腺素、组胺、5-羟色胺和褪黑激素）、谷氨酸（促代谢作用）、胰高血糖素、乙酰胆碱（毒蕈碱作用）、趋化因子、炎症的脂质介体（例如前列腺素、血小板活化因子和白三烯）、肽激素（例如降钙素、C5a 过敏毒素、促卵泡激素、促性腺激素释放激素、神经激肽、促甲状腺激素释放激素和催产素）、内源性大麻素等。这些配体可以是小分子的糖类、脂质、多肽，也可以是蛋白质等生物大分子。一些特殊的 G 蛋白偶联受体也可以被非化学性的刺激源激活，例如感光细胞中的视紫红质可以被光激活。这些转导过程的共同点在于都通过 G 蛋白偶联机制转导，其又受到由 IL-2 和 IL-3 及相邻 TM 螺旋的残基组合形成的鸟嘌呤-核苷酸交换因子（GEF）结构域调控[18]。

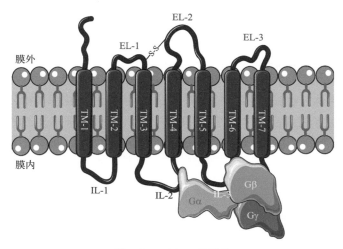

图 1-9　GPCRs 的结构

　　G 蛋白偶联受体可被配体或其他信号介质形式的外部信号激活，从而导致受体构象产生变化，最终激活相连的 G 蛋白，进一步的活性取决于 G 蛋白的类型。GPCRs 在非活性状态下与异源三聚体 G 蛋白复合物结合。激动剂与 G 蛋白偶联受体的结合导致受体的构象变化，该构象变化通过蛋白结构域动力学传递至与异源三聚体 G 蛋白结合的 Gα 亚基。活化的 Gα 亚基交换 GTP 代替 GDP，从而触发 Gα 亚基与 Gβγ 二聚体和受体的解离。被解离的 Gα 和 Gβγ 亚基与其他细胞内蛋白质相互作用，继续信号转导级联反应，而释放的 G 蛋白偶联受体能够与另一个异源三聚体 G 蛋白重新结合，形成一个新的复合物，准备开始另一轮信号转导。受体分子以活跃和不活跃的生物物理状态之间的构象平衡存在。配体与受体的结合可使平衡朝着活性受体状态移动。

　　基于 GPCRs 设计的药物分子经常作用于胞外区域的配体结合区域（LBD，ligand binding domain）。如治疗乳腺癌的药物雷洛昔芬（raloxifene）通过结合在雌激素受体（estrogen receptor）的配体结合区域来发挥作用。

　　总之，蛋白质结构为药物筛选和药物设计提供了结构基础，蛋白质晶体学可以通过研究药物分子和靶标蛋白之间的复合物晶体结构来分析药物分子和靶标蛋白的结合模式，为进一步改善药物的活性提供最直观的物理学证据。

1.4 蛋白质结构的研究方法

研究蛋白质结构的方法可以分为实验方法和人工智能方法两大类，实验方法主要有 X 射线晶体衍射法（蛋白质晶体学方法）、冷冻电镜法（cryo-EM）、核磁共振波谱法（NMR）。人工智能方法主要有同源模建和基于机器学习的结构预测。

1.4.1 X 射线晶体衍射法

X 射线晶体衍射法即蛋白质晶体学方法，是确定晶体中原子和分子空间位置的实验科学。X 射线晶体学不仅可以获得生物大分子详细的分子结构模型，同时对于阐明分子间相互作用的原子细节和药物与靶标之间的相互作用也非常重要。另外 X 射线晶体学对大分子的大小几乎没有限制，小到几千道尔顿（KD），大到几兆道尔顿（MD）都适用，本书主要介绍这种方法。

1.4.2 冷冻电镜法

冷冻电镜技法，是在低温下使用透射电子显微镜观察样品的显微技术，即把样品冻起来并在低温下放进显微镜里面，用高度相干的电子作为光源从上面照下来，透过样品和附近的冰层，受到散射，再利用探测器和透镜系统把散射信号成像记录下来，最后进行信号处理，得到样品的结构。冷冻电镜技术作为一种重要的结构生物学研究方法，它与 X 射线晶体学、核磁共振一起构成了高分辨率结构生物学研究的基础。这项技术获得了 2017 年的诺贝尔化学奖[19,20]。

低温可以降低电子辐射对生物样本的损伤。冷冻电镜在一层玻璃态冰中快速冷冻（玻璃化）生物标本，然后在液氮或液氦温度下成像。与室温下相比，在液氮温度下成像可以让电子辐射损伤降低到室温下的 1/6，这意味着每单位电子剂量的辐射损伤减少，因此可以使用更高的电子剂量来增加信噪比。液氮和液氦都被成功地用于近原子分辨率的三维重建，在它们的冷却下，分辨率可达 0.4 ～ 2nm。此外，对大量同一生物标本单元的图像进行平均（多幅低剂量图像平均）的技术大大提高了冷冻电镜技术的分辨率。

1.4.3 核磁共振波谱法

这种方法利用核磁共振波谱原理来分析溶液中的蛋白质样品的化学位移和

耦合信号，从而来解析蛋白质的结构。蛋白质核磁共振采用的样品是高纯度的蛋白质水溶液。蛋白质分子中的每个原子处于不同的化学环境而具有不同的化学位移，可以通过它来识别。然而，在蛋白质中，共振次数通常可以达到数千次，一维光谱不可避免地会发生信号重叠，很难对信号进行归属。因此，一般采用关联不同原子核频率的多维实验，如二维异核单量子相关（HSQC）光谱实验。此外，在 ^{15}N-HSQC 中，使用 ^{15}N 标记的蛋白质可以确定骨架中的氮原子信号。

因为 NMR 方法在分析蛋白质结构时仍然面临着信号过多，分析较难的问题，所以这种方法在随着蛋白质晶体学、冷冻电镜等方法不断发展的过程中，在蛋白质结构研究中发挥的作用逐渐减弱。但是在一些研究药物对蛋白质活性位点构象扰动的实验中，NMR 方法仍然具有很大的优势。

表 1-1 是三种实验方法在研究蛋白质结构中各自优缺点的比较。

表 1-1　不同蛋白质结构研究方法的优缺点

研究方法	样品要求	优点	缺点
X 射线晶体衍射法	① 蛋白质晶体样品； ② 适用于能够结晶的各种蛋白质样品	① 高分辨率； ② 结构精确	① 难以得到蛋白质晶体； ② 蛋白质晶体难以发生较好的衍射； ③ 得到的结构是一种静态结构
冷冻电镜	① 纯度 >95%； ② 分子量一般 >150kD； ③ 适合膜蛋白等大分子蛋白	① 样品不需要结晶，易于准备； ② 结构更接近蛋白质原始状态	① 分辨率较低； ② 适合于更大的蛋白质分子； ③ 设备昂贵
NMR	① 高纯度水溶性蛋白； ② 有时需要同位素标记； ③ 分子量一般 <50kD	① 分辨率高； ② 结构更接近蛋白质原始状态； ③ 易于研究蛋白质动态结构	① 信号归属难； ② 样品准备难

PDB 数据库是用于存储和公开已解析蛋白质结构的数据库，目前已经公开的蛋白质结构多达 19 万个。这些结构的解析方法主要是基于上述三种方法。而其中 X 射线晶体衍射法是最重要的一种方法，用其解析的结构占到了总数量的 87% 左右。图 1-10 为 PDB 数据库中每年用三种方法解析的蛋白质结构数量，其中 Multiple Methods 指的是用多种方法综合解析的结构。相比来看，X 射线晶体衍射法仍然是最重要的方法，而冷冻电镜也随着其技术的不断更新，近年来用其方法解析的结构数量不断上升。NMR 方法解析的蛋白质数量相对较少，而且随着其他两种技术的发展，NMR 技术在蛋白质结构解析中的应用慢慢变少。

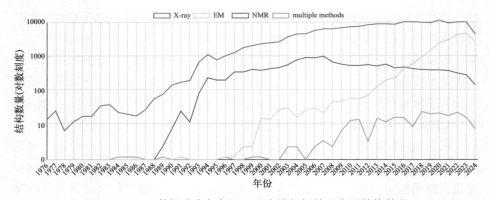

图 1-10　PDB 数据库中每年用不同方法解析的蛋白质结构数量

X-ray：X 射线衍射法；EM：冷冻电镜法；NMR：核磁共振波谱法；multiple methods：多种方法

1.4.4　同源建模

同源建模（hgomology modeling）是一种以目标蛋白质的氨基酸序列为基础，同源蛋白的实验三维结构为模板，利用计算机算法构建出目标蛋白三维结构的方法。这种方法依赖于同源蛋白的结构和同源性，同源性越高，预测的结构越精确。同源蛋白通常含有相对保守的区域，这些区域在三维空间结构上也较为相似。因此利用该方法建立的蛋白质结构同源序列越保守，结构越精确[21]。图 1-11 为同源建模的流程，首先确定目标蛋白的序列，然后从 PDB 数据库中寻找同源性较高的结构作为模板，最后进行序列比对并建模。目前建模的方法很多，并由很多软件（如 MOE、Maestro 等）直接可以实现。

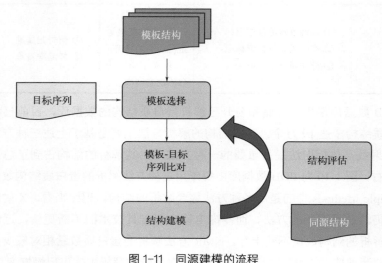

图 1-11　同源建模的流程

1.4.5　AlphaFold

机器学习是近年来最受欢迎的人工智能算法，也广泛应用于蛋白质结构的预测，其中最精准的算法就是 DeepMind 公司开发的 AlphaFold，其较高的精准性为结构生物学研究方法带来了里程碑式的贡献[22]。

AlphaFold 的流程是先提供一条蛋白质序列，然后在数据库中寻找这条蛋白质序列的同源序列，再利用多序列比对（multiple sequence alignment，MSA），使相同或者相近残基的位点排位于同一列，鉴定出不同来源序列之间的相同或者相似部分，从而推断出不同蛋白质在结构上的相似关系，最后利用深度学习算法对蛋白质的结构信息进行整合，从而实现对蛋白质的三维结构进行预测。

AlphaFold 的出现让很多生物学家叹为观止，他们认为 AlphaFold 可能会取代传统的结构生物学实验方法，目前看来这样的担忧是多余的。首先，AlphaFold 预测的部分结构不够精确，还需要结构生物学家通过实验来揭秘；其次，AlphaFold 预测的是蛋白质的静态结构，而实际中蛋白质的结构在不同的状态下存在多种构象变化，而且在细胞内外也会因为和各种各样的其他蛋白质结合而呈现出千变万化的空间构象，这对于结构预测来说是一大难题；再者，配体和蛋白质结合之后导致的构象变化也难以预测。但是我们相信随着 AI 技术的进一步发展，在不久的将来 AlphaFold 的预测精度将会实现质的飞跃。随着 AlphaFold 的进一步应用，会有越来越多的蛋白质结构被解析，进而将有更多的药物靶标可供药物筛选，这将大大加速靶向药物的研发。此外，AlphaFold 还可以为蛋白质晶体学相位的确定提供帮助，将在第 8 章中详细讲解。

参考文献

[1] Ilari A, Savino C. Protein structure determination by X-ray crystallography [J]. Methods Mol Biol, 2008, 452: 63-87.

[2] Narasimhan S. Determining protein structures using X-ray crystallography [J]. Methods Mol Biol, 2024, 2787: 333-353.

[3] Chien E Y, Liu W, Zhao Q, et al. Structure of the human dopamine D3 receptor in complex with a D2/D3 selective antagonist [J]. Science, 2010, 330: 1091-1095.

[4] Robert X, Kassis-Sahyoun J, Ceres N, et al. X-ray diffraction reveals the intrinsic difference in the physical properties of membrane and soluble proteins [J]. Sci Rep, 2017, 7: 17013.

[5] Gupta R, Walunj S S, Tokala R K, et al. Emerging drug candidates of dipeptidyl peptidase Ⅳ (DPP Ⅳ) inhibitor class for the treatment of Type 2 Diabetes [J]. Curr Drug Targets, 2009, 10: 71-87.

[6] Li S, Xu H, Cui S, et al. Discovery and rational design of natural-product-derived 2-phenyl-3,4-dihydro-2*H*-benzo[f]chromen-3-amine analogs as novel and potent dipeptidyl peptidase 4 (DPP-4) inhibitors for the treatment of type 2 diabetes [J]. J Med Chem, 2016, 59: 6772-6790.

[7] Cons B D, Twigg D G, Kumar R et al. Electrostatic complementarity in structure-based drug design [J]. J Med Chem, 2022, 65: 7476-7488.

[8] Carvalho A L, Trincao J, Romao M J. X-ray crystallography in drug discovery [J]. Methods Mol Biol, 2009, 572: 31-56.

[9] Scapin G. Structural biology and drug discovery [J]. Curr Pharm Des, 2006, 12: 2087-2097.

[10] Lee E F, Sadowsky J D, Smith B J, et al. High-resolution structural characterization of a helical α/β-peptide foldamer bound to the anti-apoptotic protein Bcl-x_L [J]. Angew Chem Int Ed Engl, 2009, 48: 4318-4322.

[11] Lee E F, Czabotar P E, Smith B J, et al. Crystal structure of ABT-737 complexed with Bcl-x_L: implications for selectivity of antagonists of the Bcl-2 family [J]. Cell Death Differ, 2007, 14: 1711-1713.

[12] Murphy K M, Ranganathan V, Farnsworth M L, et al. Bcl-2 inhibits Bax translocation from cytosol to mitochondria during drug-induced apoptosis of human tumor cells [J]. Cell Death Differ, 2000, 7: 102-111.

[13] Moll U M, Petrenko O. The MDM2-p53 interaction [J]. Mol Cancer Res, 2003, 1: 1001-1008.

[14] Tomasevic N, Jia Z, Russell A, et al. Differential regulation of WASP and N-WASP by Cdc42, Rac1, Nck, and PI(4,5)P2 [J]. Biochemistry, 2007, 46: 3494-3502.

[15] Pyrgidis N, Mykoniatis I, Haidich A B, et al. The Effect of phosphodiesterase-type 5 inhibitors on erectile function: An overview of systematic reviews [J]. Front Pharmacol, 2021, 12: 735708.

[16] An X, Tiwari A K, Sun Y, et al. BCR-ABL tyrosine kinase inhibitors in the treatment of Philadelphia chromosome positive chronic myeloid leukemia: A review [J]. Leuk Res, 2010, 34: 1255-1268.

[17] Sriram K, Insel P A. G Protein-coupled receptors as targets for approved drugs: How many targets and how many drugs? [J]. Mol Pharmacol, 2018, 93: 251-258.

[18] Odoemelam C S, Percival B, Wallis H, et al. G-Protein coupled receptors: Structure and function in drug discovery [J]. RSC Adv, 2020, 10: 36337-36348.

[19] Bhella D. Cryo-electron microscopy: An introduction to the technique, and considerations when working to establish a national facility [J]. Biophys Rev, 2019, 11: 515-519.

[20] Ignatiou A, Mace K, Redzej A, et al. Structural analysis of protein complexes by cryo-electron microscopy [J]. Methods Mol Biol, 2024, 2715: 431-470.

[21] Muhammed M T, Aki-Yalcin E. Homology modeling in drug discovery: Overview, current applications, and future perspectives [J]. Chem Biol Drug Des, 2019, 93: 12-20.

[22] Jumper J, Evans R, Pritzel A, et al. Highly accurate protein structure prediction with AlphaFold [J]. Nature, 2021, 596: 583-589.

第 2 章

蛋白质表达质粒的构建

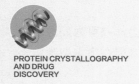

PROTEIN CRYSTALLOGRAPHY
AND DRUG
DISCOVERY

2.1　表达质粒介绍

蛋白质晶体学的第一步需要获得大量高纯度的目的蛋白。基因工程技术是实现这一目的的主要方法，其利用 DNA 重组技术将目的基因克隆到一个能够单独复制的载体（vector）上并组装成能够表达目的蛋白的表达质粒（plasmid），然后借助外源表达系统，如大肠杆菌、酵母菌、昆虫细胞等，表达出目的蛋白。可见，表达质粒的构建是蛋白质晶体学的第一步。

2.1.1　表达质粒的概念及其分类

质粒本是细菌、酵母菌和放线菌等生物中染色体以外的 DNA 分子，具有自主复制能力，能够在子代细胞中保持恒定的拷贝数，并能表达所携带的遗传信息[1]。科学家利用这一特点将原始的质粒通过基因工程手段逐渐改造成用于表达目的基因的各种工具，即载体。因此载体是经过设计的能够自我复制并具有非常高的拷贝数的 DNA 分子。载体具备以下三个功能：①能够将外源基因高效转入宿主细胞；②为外源基因提供复制能力或整合能力；③为外源基因的扩增或表达提供必要的元件。常见的载体有质粒、噬菌体、病毒等，其中质粒为基因工程中常用的目的基因运载工具。质粒常见于细菌和真菌中，绝大多数质粒为DNA 型，少部分为 RNA 型，通常包含一个复制起点、一个多克隆位点（multiple cloning site, MCS）和一个选择性标记（通常为抗生素抗性基因，可用作是否含有此质粒的微生物筛选）。在限制性内切酶的帮助下，可以将外来基因（目的基因）克隆到质粒的多克隆位点而构建成表达目的基因的表达质粒。本书中所描述的质粒或表达质粒均指能够表达目的蛋白的质粒载体。

质粒按照其用途与功能的不同主要分为克隆质粒与表达质粒两种。克隆质粒由质粒、病毒或一段染色体 DNA 改造而成，旨在扩增目的 DNA 片段，其载体能够独立复制，且具有灵活的克隆位点和方便的选择标记。表达质粒是一种在启动子、终止子等元件的精确控制下表达目的蛋白的质粒。此外，质粒可按宿主细胞的类型分为原核表达质粒、真核表达质粒、穿梭质粒。真核表达质粒和原核表达质粒的主要区别是两者所需的表达元件不同，使得两者之间不能共用。穿梭质粒是指一类具有两种不同复制起点和选择标记而可以在两种不同类群宿主中存活和复制的质粒载体[2]。

总之，质粒可以为外源基因提供进入宿主细胞的转移能力，并可为外源基因提供在宿主细胞中复制的能力或整合能力，从而可使外源基因在宿主细胞中获得扩增和表达。

2.1.2 表达质粒的图谱解析

表达质粒通常包含以下四大要素：①复制子（replicon），控制着质粒的复制，并决定了质粒的宿主和拷贝数；②选择标记（selective marker），多为抗性基因，用于质粒是否转化成功的宿主细胞筛选；③多克隆位点（MCS），一段含有多种限制性酶切位点的基因序列，用于外源基因的插入；④其他元件，用于调控转录、翻译等的基因序列，如转录调控元件、翻译表达元件和蛋白标签等[3]。表达质粒的基本元件组成如图 2-1 所示，主要包含以下功能模块。

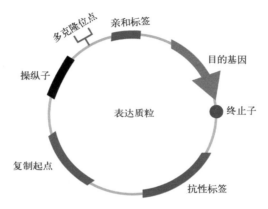

图 2-1　表达质粒基本元件

（1）抗性标签（antibiotic resistance）　是一段对某种抗生素产生耐药性的基因序列，含有这种抗性标签的宿主细胞可以对某种抗生素产生耐药性而不被杀死，使得携带它们的细菌在含有抗生素的培养基中正常生长，而其他不含有抗性标签的细菌则被抗生素杀死，从而实现对细胞的筛选和纯化。

（2）复制起点（origin of replication）　是在基因组上复制起始的一段序列，能够自我复制并能保证目的基因在受体细胞中复制、遗传和表达。原核生物质粒中通常只有一个复制起点，而真核生物质粒中可以有多个复制起点。

（3）操纵子（operon）　是一段控制基因复制和翻译的关键基因序列，包含一个操纵基因（operator）、一个启动子（promoter）及一个或以上被用作生产mRNA 的结构基因。乳糖操纵子的结构如图 2-2 所示，其含 Z、Y 及 A 三个结构基因，分别编码 β-半乳糖苷酶（β-galactosidase）、通透酶（permease）和半乳糖苷乙酰化酶（galactoside transacetylase）。此外还有用于调控的操纵序列 O 和启动序列 P。I 序列不属于乳糖操纵子，是一段编码 Lac 阻遏物的调节基因。Lac阻遏物是一种具有 4 个相同亚基的蛋白质，含有与乳糖等诱导剂结合的位点。当培养基中没有乳糖存在时，Lac 阻遏物能与操纵基因 O 结合而使得 Lac 操纵子处于阻遏状态。在阻遏状态下，Lac 阻遏物阻碍了 RNA 聚合酶与启动序列 P 的结合，从而抑制转录启动。而当培养基中含有半乳糖时，半乳糖可与阻遏蛋白结合并诱导阻遏蛋白构象发生变化，使其四聚体裂解，导致阻遏物从操纵基因 O 上解离下来，RNA 聚合酶不再受阻碍，启动子 P 开始发生转录。实验时在培养基中如果使用乳糖则容易被细胞内的 β-半乳糖苷酶代谢成半乳糖而失效，因此通常使用异丙基硫代-β-半乳糖苷（IPTG）作为诱导剂。IPTG 是一种作用较强的诱导剂，不被细菌代谢而十分稳定，因此被实验室广泛应用[4]。

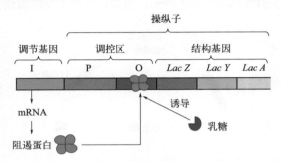

图 2-2　乳糖操纵子结构及阻遏蛋白的作用

（4）多克隆位点（MCS）　一段包含多个限制性酶切位点的序列，常用于目的基因的插入。如图 2-3 所示，限制性内切酶 EcoRI 能专一识别 GAATTC 序列，并可在 G 和 A 之间将这段序列切开，切割后形成突出的黏性末端（sticky end），如果目的基因末端含有同样的 GAATTC 序列，并用同样的限制性内切酶 EcoRI 酶切后就会产生与之互补的黏性末端，从而实现目的基因的插入，这也是分子克隆的基础。

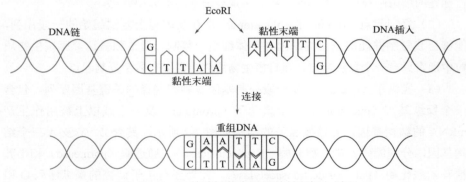

图 2-3　EcoRI 的酶切位点及目的基因插入过程

（5）亲和标签（affinity tag）　是为了目的蛋白的纯化而插入的一段基因，如最常用的 6×His 标签和 GST 标签序列。这段序列可以插入到目的基因的两端，在表达目的蛋白的时候同时表达出相应的标签，用于后期的蛋白质纯化（详见第3章）。

（6）目的基因（genes of interest） 又叫插入片段，是目的蛋白所对应的基因序列，可以通过基因克隆或人工合成获得。

（7）终止子（terminator） 位于待转录基因下游的一段特殊基因序列，具有终止基因转录过程的作用。

随着DNA重组技术的不断发展，满足不同研究需求的质粒载体类型日益丰富。目前比较常见的质粒载体类型有pET系列载体、pGEX系列载体、pTYB系列载体等。其中字母p表示plasmid（质粒），后面的字母通常表示宿主、发现者等信息。如pET系列载体中E表示 Escherichia coli（大肠杆菌），表明这个载体是用于原核表达的。T表示T7启动子，说明该载体含有一个T7 RNA聚合酶，用来识别启动子，以使目的基因高水平表达。

2.2 表达质粒构建

2.2.1 表达载体的选择

蛋白质晶体学需要表达与纯化大量高纯度的目的蛋白，所以本书重点介绍表达载体。表达载体是指在克隆载体基本骨架上，加入一些表达元件（如启动子、终止子等）后，使得插入的目的基因在宿主细胞内能够进行复制、转录及翻译的一类载体。这些元件对于蛋白质的表达都是至关重要的，选择不当就会导致蛋白质不能顺利表达或表达量很低。初次表达目的蛋白需选择合适的表达载体以得到最好的表达效果。载体的选择需要考虑以下几个因素：

（1）宿主细胞的类型 所构建的质粒需要借助宿主细胞来表达目的蛋白，这就需要考虑宿主细胞的类型。宿主细胞分为真核细胞和原核细胞，在蛋白质晶体学中常用于表达蛋白质的真核细胞为昆虫细胞，原核细胞为大肠杆菌。由于真核细胞和原核细胞之间的差异，质粒类型往往不一样，如昆虫杆状病毒表达系统中可以利用转座技术将pFastBac质粒中的目的基因整合到DH10Bac菌株中自带的杆状病毒穿梭质粒Bacmid上，然后再通过感染昆虫细胞来表达目的蛋白。而原核细胞的表达质粒只需要将目的基因克隆到能够在大肠杆菌复制和表达的载体上即可。此外，还要根据宿主细胞的类型对密码子根据物种的偏好进行优化。

（2）载体的大小和类型 载体的分子量有大有小，选择分子量小的载体（1～1.5kb）不易损坏，在细菌里面拷贝数也多。另外，松弛型质粒在细菌里扩增不受约束，一般达到 10 个以上的拷贝，而严谨型质粒的拷贝数 <10 个。

（3）DNA 重组的目的　应根据重组质粒用于克隆还是表达，选择合适的克隆载体或表达载体。

（4）载体 MCS 中的酶切位点　酶切位点在目的基因的插入过程中起到关键作用，因此在选择载体时，需要考虑载体的 MCS 中是否含有和目的基因两端相同的酶切位点。

（5）合适的亲和标签基因　根据目的蛋白后期纯化的要求，选择的载体中应含有便于纯化的亲和标签基因。如后期需要用固定化金属离子亲和层析（immobilized metal ion affinity chromatography，IMAC）来纯化目的蛋白，就要考虑选择含有 6×His 标签基因的载体，因为组氨酸是与固定化金属离子（Co^{2+}、Ni^{2+}、Cu^{2+}、Zn^{2+} 等）基质相互作用最强的氨基酸，组氨酸中咪唑环上的电子供体基团很容易与固定化过渡金属形成配位键，从而达到分离效果。在加入亲和标签基因的同时还要考虑最终是否要切除标签，如需切除标签，还需要在标签和目的蛋白之间插入合适的酶切位点，用于后期标签蛋白的切除。

（6）合适的抗性标签基因　抗性标签基因在质粒转化是否成功的筛选过程中非常重要，需要根据对抗生素的要求选择含有对应抗性标签基因的载体。

（7）实验需求　可以根据实验需求考虑质粒的类型，如需要加入荧光标签来标记目的蛋白，就需要考虑选择含有绿色荧光蛋白（GFP）基因片段的质粒。

2.2.2　目的基因的获取

根据中心法则，蛋白质是由基因翻译而来的，因此在构建表达质粒前，首先要明确目的基因序列。随着人类基因组计划的完成，人的所有基因组已全部被解析，在研究人源蛋白时，只需要检索相应的基因组数据库就能获取目的基因的序列。最常用的数据库为 NCBI 数据库（https://www.ncbi.nlm.nih.gov/），例如需要检索 Rac1 蛋白的基因序列，在 NCBI 页面下的 Nucleotide 子数据库里面输入 Rac1 就可以搜索出相应的序列（图 2-4），检索结果如图 2-5 所示，点击链接就可以看到相应的基因序列信息。

知道了基因序列信息，就需要获得目的基因并将其克隆到表达载体上。获得目的基因的常用方法有以下几种。

（1）基因组文库法　用限制性内切酶将供体细胞中的整个 DNA 切成许多片段，再将这些片段分别载入运载体，然后通过运载体分别转入不同的宿主细胞，让供体细胞提供的 DNA（外源 DNA）碎片分别在受体细胞中大量复制，再结合特定的筛选方法找出含有目的基因的细胞，最后把带有目的基因的 DNA 片段分离出来。如许多抗虫、抗病毒的基因都可以用上述方法获得。

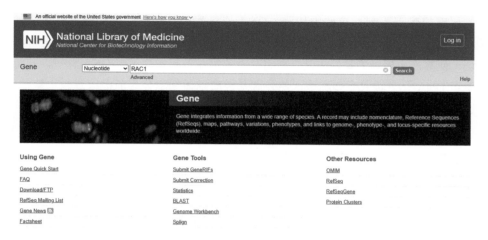

图 2-4　NCBI 检索 Rac1 的界面

图 2-5　NCBI 检索 Rac1 的结果

（2）反转录法　即 RT-PCR，是一种从细胞 mRNA 中高效灵敏地扩增 cDNA 序列的方法，它由两大步骤组成：一步是反转录（RT），另一步是 PCR。获得总 mRNA 后，即可进行 RT-PCR。首先，在反转录酶作用下将 mRNA 反转录成 cDNA，以该 cDNA 第一链为模板进行 PCR 扩增。通常以研究物种的 mRNA 为模板，设计出目的基因的引物，通过反转录和 PCR 技术扩增出目的基因。

（3）人工合成法　通过一定的化学合成策略，如固相亚磷酰胺三酯合成法，将碱基一个一个有序地连在一起，从而获得目的基因。随着合成技术的不断发展，目前人工合成法已经成为获取目的基因最常用的方法[5]。

2.2.3　质粒的构建方法

目的基因片段和适用载体准备就绪，接下来就是构建重组质粒。构建质粒的原理依赖于限制性核酸内切酶、DNA 连接酶和其他一些修饰酶的作用。如图 2-6 所示，先用同一限制性内切酶分别对目的基因和载体的多克隆位点进行酶切，使其产生相同的黏性末端，再将二者连接在一起构建重组 DNA 分子，并将重组 DNA 分子转入受体细胞，使外源基因随受体细胞分裂而得以复制、繁殖。这种方法统称为分子克隆技术，又叫基因克隆或 DNA 重组技术。

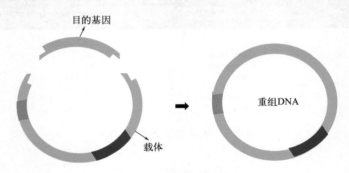

图 2-6　重组质粒构建原理

重组 DNA 分子先要对目标片段进行 PCR 扩增，PCR 技术即聚合酶链式反应，它是一种用于扩增复制特定基因片段的常用分子生物学技术，它最大特点是能将微量的基因大幅扩增，可在克隆前获得大量的目标基因片段。

多数质粒为双链 DNA 分子，如图 2-7 所示，双链 DNA 是由两条单链通过碱基配对原则形成的螺旋结构，其中一条链的合成方向是 5′ → 3′，另外一条链的合成方向是 3′ → 5′。DNA 复制遵守半保留复制原则，复制从 DNA 链的解螺旋开始，通过碱基互补配对原则，沿着每一条母链形成一个子链。复制开始时 DNA 解螺旋酶会解开双螺旋结构，从复制起点形成复制叉，然后拓扑异构酶结合在复制叉上，以避免在复制叉附近产生超螺旋化。一旦复制叉结构稳定，

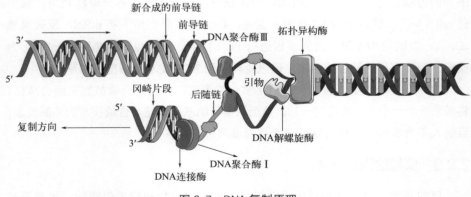

图 2-7　DNA 复制原理

DNA 聚合酶会催化新的核苷酸添加到引物的下游。DNA 聚合酶只能将 DNA 从 5′ 延长，即 5′ → 3′，这将导致两条链的合成方向不一样。一条新链沿着解链方向连续合成，称为前导链（leading strand）。另一条新链背着解链方向，只能随着解链一段一段地合成，然后连接起来，这称为后随链（lagging strand）。沿着后随链的模板链合成的 DNA 短片段称为冈崎片段（Okazaki fragment）。冈崎片段复制完成以后就需要 DNA 连接酶将其连接成一条连续的单链，这样两个相同的子代 DNA 就产生了[6]。

PCR 是一种以 DNA 半保留复制机制为基础，在 DNA 聚合酶催化下，以母链 DNA 为模板，以特定引物为延伸起点，复制出与母链模板 DNA 互补的子链 DNA 的方法。PCR 需要模板 DNA、引物、四种脱氧核糖核苷酸、DNA 聚合酶等原料，通过如图 2-8 所示的变性→退火→延伸三个基本反应完成。

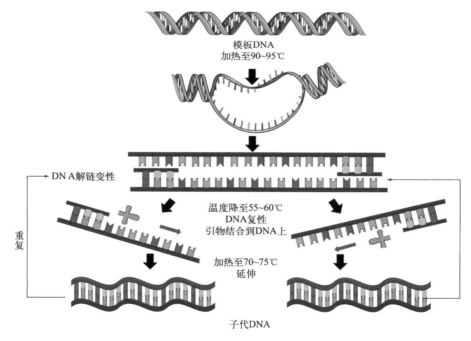

图 2-8　PCR 原理

变性是将模板 DNA 加热至 90 ～ 95℃左右后，使模板 DNA 双链解离成为单链；随后温度降至 55 ～ 60℃进行退火（复性），使引物与模板 DNA 单链的互补序列配对结合；最后在 70 ～ 75℃及 DNA 聚合酶的作用下以 dNTP 为反应原料，靶序列为模板进行引物延伸，合成一条新的与模板 DNA 链互补的复制链[6]。

2.3 质粒纯化和转化

2.3.1 质粒的纯化

质粒构建完成以后需要转入宿主细胞进行扩增，而宿主细胞自身就含有一些遗传物质，且破碎细胞后会有胞内其他杂质混合污染，因此在细胞内扩增后的质粒需要纯化后方可用于进一步的转化。质粒纯化是将质粒 DNA 与宿主细胞基因组 DNA、蛋白质、核糖体以及细菌细胞壁分离开的一种技术。实验室最常用的方法是基于离心柱（spin column）的纯化方法，其原理如图 2-9 所示，在含有去污剂的高 pH 条件下裂解细胞，质粒会随细胞内容物一起被释放。碱性条件下 DNA 双链分离，同时可使细菌内的蛋白质发生变性。随后将裂解液中和至中性，这时 DNA 的双链会通过碱基配对原则再次配对，因为质粒 DNA 较小，会在很短时间内有效配对，而宿主细胞的基因组 DNA 因为较大而不能有效配对，最终导致细胞内的蛋白质、基因组 DNA 以及其他内容物聚集成白色沉淀，这些沉淀可以通过离心去除。此时已经将质粒和其他杂质分开，但是仍然还有一些蛋白质、离子、去污剂等杂质，还需进一步纯化。由于 DNA 的结构中含有磷酸基阴离子基团，其会通过阳离子盐桥和带负电的硅胶柱结合。将离心后含有质粒的上清液加到硅胶柱中，杂质会随着高盐缓冲液的清洗流出硅胶柱而与质粒分离。最后向硅胶柱中加入低盐缓冲液，破坏盐桥，即可将质粒 DNA 从硅胶柱中洗脱下来，得到高纯度的质粒 DNA。随后对洗脱质粒进行浓度和纯度的检测，常用微量紫外分光光度法和凝胶电泳法检测。DNA 和 RNA 在 260nm 处有最大

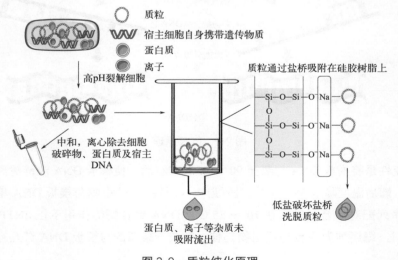

图 2-9 质粒纯化原理

吸收，而蛋白质在 280nm 处有最大吸收，因此，可以用 260nm 波长的吸光度测定 DNA 浓度[7,8]。

2.3.2 质粒的转化

转化（transformation）是某一基因型的细胞从周围介质中吸收来自另一基因型细胞的 DNA 而使它的基因型和表现型发生相应变化的现象。按照实验目的，转化可以分为用于克隆的转化和用于表达的转化两类，它们的区别在于宿主细胞的类型选择不一样，不同类型的宿主细胞适用目的不同，但转化原理一致。首先通过化学试剂或者电击等方法处理后让受体细胞的膜通透性发生改变，从而成为感受态细胞。其次将外源基因导入至感受态细胞。最常用的质粒转化法是热击法和电转法。

热击法的转化流程如图 2-10 所示。首先用预冷 $CaCl_2$ 处理对数生长期细胞，在低渗环境中，细胞膨胀成球形，细胞膜通透性改变，从而形成感受态细胞。外源 DNA 分子在低温条件下易形成抗 DNA 酶的羟基-钙磷酸复合物黏附在细胞表面，通过 42℃水浴热击处理可促进细胞对外源 DNA 分子的吸收。热击后在冰上冷却 2 min，使温度降低，此时细胞膜的蛋白质释放，脂质占比增高，细胞膜的流动性升高，细胞膜上的孔隙消失。由于真核细胞对化学试剂较为敏感，因此基于化学感受态细胞的热击法主要用于大肠杆菌类细胞。

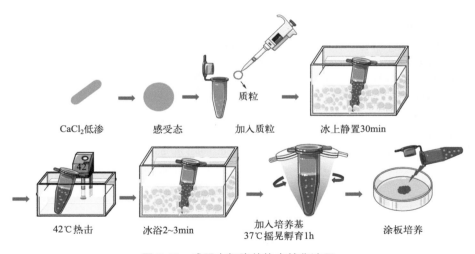

CaCl₂低渗　　感受态　　加入质粒　　冰上静置30min

42℃热击　　冰浴2~3min　　加入培养基 37℃摇晃孵育1h　　涂板培养

图 2-10　感受态细胞的热击转化流程

电转法也叫细胞电穿孔，是将外源 DNA 分子导入细胞膜内部的重要方法。其原理为：在瞬间强大电场的作用下，溶液中细胞的细胞膜具有了一定的通透性，带电的外源物质以类似电泳的方式进入细胞膜。由于细胞膜磷脂双分子层的电阻很大，细胞外部产生的两极电压能被细胞膜承受，使得细胞质内分到的电压可以忽略不计，因此正常范围内的电转过程对细胞毒性很小。电场使 DNA 等物质进入细胞膜后只能停止在细胞膜附近，随后细胞本身的机制可以允许这些物质进入细胞内部。由于电转技术依靠的是物理方法，细胞表面的分子特性对电转影响比较小，因此电转可以用在所有的细胞种类上，而且容易定量控制，但是这种方法通常需要电转仪来完成。

大肠杆菌类感受态细胞按其转化目的不同分为如表 2-1 所示的几种，它们所含遗传物质不同，因而用途不尽相同。

表 2-1　大肠杆菌感受态细胞主要种类及用途

类型	用途
DH5α	质粒扩增
Top10	质粒扩增
JM109	质粒扩增、蛋白质表达
BL21（DE3）	蛋白质表达

参考文献

[1] Kelly H, Stanley M. Brenner's encyclopedia of genetics [M]. Pittsburgh: Academic Press, 2013.

[2] Garcillan-Barcia M P, Redondo-Salvo Sde la Cruz F. Plasmid classifications [J]. Plasmid, 2023, 126: 102684.

[3] Nora L C, Westmann C A, Martins‐Santana L, et al. The art of vector engineering: Towards the construction of next-generation genetic tools [J]. Microbial Biotechnology, 2019, 12: 125-147.

[4] Ullmann A. Escherichia coli lactose operon [J]. eLS, 2009.

[5] 楼士林，杨盛昌，龙敏南，等 . 基因工程 [M]. 北京：科学出版社，2002.

[6] Kornberg A, Baker T A. DNA replication [M]. New York: Freeman, 1992.

[7] Gautam A. DNA and RNA isolation techniques for non-experts [M] Cham: Springer, 2023.

[8] Ghitti M, Musco G, Spitaleri A. NMR and computational methods in the structural and dynamic characterization of ligand-receptor interactions [J]. Adv Exp Med Biol, 2014, 805: 271-304.

第 3 章
蛋白质的表达与纯化

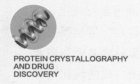

PROTEIN CRYSTALLOGRAPHY
AND DRUG
DISCOVERY

3.1 蛋白表达系统

重组蛋白表达系统主要分为原核表达系统和真核表达系统。前者具有效率高、操作简单的优点，后者具有可对表达后的蛋白质进行修饰的优点。因此针对稳定性较好的蛋白质多选择原核表达系统，而针对不稳定且需要修饰的蛋白质一般选择真核表达系统。

3.1.1 原核表达系统

在原核表达系统中，大肠杆菌表达系统是目前最为成熟且最为常用的表达系统。大肠杆菌表达系统具有遗传背景清楚、易于培养和控制、转化操作简单、表达水平高、成本低、周期短等优点。

当重组表达质粒转化到大肠杆菌之后，表达质粒就会随着大肠杆菌细胞的复制而复制。在此过程中如果想让表达质粒进行转录翻译，需要对其进行诱导，这是因为表达质粒的元件中含有控制表达的操纵子，最为常见的操纵子为乳糖操纵子（见 2.1.2）。在没有乳糖存在时，Lac 操纵子处于阻遏状态，从而无法启动转录。在表达蛋白质的实验中，异丙基硫代-β-半乳糖苷（IPTG）因为和乳糖具有相似的结构而又不能被 β-半乳糖苷酶降解而成为一种诱导剂，它可与阻遏蛋白结合并使其构象发生变化，导致 Lac 阻遏物能从操纵基因 O 上解离，RNA 聚合酶不再受阻，进而发生转录[1,2]。

利用大肠杆菌表达目的蛋白的基本流程如图 3-1 所示。首先将质粒转化到合适的大肠杆菌中，然后通过抗生素抗性挑选出转化成功的菌落并在培养管里进行小培。小培的目的是为大量培养（大培）做准备，因为单个菌落扩增速度较慢，如直接接种到大量培养基中，则无法在短时间内扩增到表达所需的细胞浓度。小培通常需要过夜培养，因此其培养液被称为 O/N 菌液，其细胞浓度较高，第二天可在大量培养基中用约 1:1000 的比例进行接种。接种后的培养基先在 37℃下进行扩增，待 OD_{600} 值达到一定要求时[3]，如在 LB 培养基中达到 0.6 ～ 0.8，加入诱导剂 IPTG 诱导（终浓度一般为 0.5 ～ 1mmol/L）并在低温下进行表达。降温的目的是防止扩增的速度过快而导致转录速度跟不上。大培通常表达 12 ～ 24h，然后通过离心进行收菌。此时的目的蛋白在细胞内，可以即刻裂解进行纯化，也可以将细胞沉淀冷冻后在−20℃储存并择期再进行纯化。由于目的蛋白在细胞内时无法接触到细菌自身的水解酶而相对稳定，但是当裂解后如果不尽快进行纯化，目的蛋白长时间处于裂解液中就会接触到其他具有水解活性的酶，容易失去活性，因此纯化过程建议一气呵成。蛋白质的纯化通常分为两步，第一步利用固定化金属离子亲和层析（IMAC）或其他亲和色谱初步纯化并得到纯度较低的蛋白质，第二步利用凝胶色谱或离子色谱进行进一步纯化并得到高纯度蛋白质，具体细节将在 3.2 中进行讲述。

在实验中除了利用 IPTG 诱导表达外，还有一些自诱导培养基，其原理如下：在培养基中加入一定量的葡萄糖和乳糖，葡萄糖可作为半乳糖操纵子的阻遏因子阻止细菌利用 α-乳糖。一旦培养基中的葡萄糖被细菌耗尽（通常发生在对数生长期的后期），乳糖被 β-半乳糖苷酶转换成异乳糖（葡萄糖-1,6-半乳糖），其可作为 IPTG 诱导型启动子的诱导剂，引起乳糖阻遏物从与 DNA 结合的位点上释放，启动重组蛋白的表达[4]。因此自诱导培养基不需要在培养的过程中单独添加诱导剂，具有使用更加方便的优势，但是培养基成本相对较高。

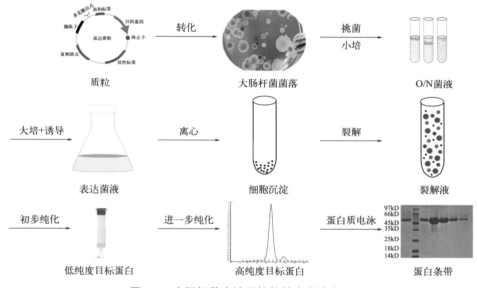

图 3-1　大肠杆菌表达系统的基本表达流程

3.1.2　真核表达系统

真核表达系统具有翻译后的加工修饰体系，如糖基化、乙酰化、磷酸化等修饰，表达的外源蛋白更接近于天然蛋白质，结构更加稳定，因此常用于在原核表达系统中表达不稳定的蛋白质。常用的真核表达系统有酵母表达系统、昆虫细胞表达系统和哺乳动物细胞表达系统。

3.1.2.1　酵母表达系统

酵母菌是一类单细胞的真核微生物的通俗名称，酵母菌"本领非凡"，它们可以把果汁或麦芽汁中的糖类（葡萄糖）在缺氧的情况下，分解成酒精和二氧化碳，使糖变成酒。它还能使面粉中游离的糖类发酵，产生二氧化碳气体。在蒸煮过程中，二氧化碳受热膨胀，于是馒头就变得松软，所以被称为发酵之母。除此之外，酵母菌在蛋白质的表达中也经常发挥重要作用。酵母表达系统有比较完善的蛋白质表达控制系统[5]，可以进行转录和翻译后修饰加工，常用于研究突变与基因功能，该表达系统操作方法简便且酵母菌繁殖快、产量高[6]。

常用于表达蛋白质的酵母菌有酿酒酵母和巴斯德毕赤酵母。它们各有特点，酿酒酵母安全性高，被 FDA 确认为安全生物，但蛋白质表达量较低，易发生过量糖基化，转化子不稳定，易发生质粒丢失。巴斯德毕赤酵母作为第二代酵母表达系统，其优势体现在遗传操作更加简易，蛋白质表达水平更高，对蛋白质修饰能力更强。人血清白蛋白、乙型肝炎疫苗、干扰素、胰蛋白酶等以毕赤酵母作为宿主生产。毕赤酵母作为专性需氧酵母，可以使用甲醇作为碳源。

酵母载体的组成元件主要包括选择标记和调控序列。选择标记是载体转化酵母时筛选转化子所必需的元件，用于重组子的筛选和鉴定。常见的有营养缺陷型选择标记（如 His3，His4，LEU2，LYS2，TRP1，URA3 等）和抗生素选择标记（如 ChI，G418，Zeocin 等）。调控序列包括启动子、ARS（酵母复制起始区）、用于有丝分裂和减数分裂功能的着丝粒（CEN）和两个端粒（TEL）等。启动子又可分为组成型启动子（如 ADH1、GAPDH、PGK1、GAP、TEF 等）和诱导型启动子（如 ADH2、CUP1、AOX1、GAL1-10 等）。其中酿酒酵母常用半乳糖诱导的 GAL1 和 GAL10 启动子，毕赤酵母常用甲醇诱导型启动子 AOX1[7]。

酵母的载体主要分为酵母克隆载体、酵母表达载体以及酵母人工染色体。

（1）酵母克隆载体　不含酵母启动子，不能在酵母中表达外源基因。可分为酵母整合型质粒（yeast integrated plasmid，YIp）和酵母复制型质粒（yeast replicable plasmid，YRp）。整合型质粒带有一个酵母 URA3 标志基因和大肠杆菌的复制和报告基因。由于质粒 DNA 与酵母基因组 DNA 之间发生了同源重组，在转化的细胞中可以检测到质粒的整合复制，转化子稳定，但转化率极低。复制型质粒在酵母中可以自我复制，主要有酵母复制型质粒、酵母附加型质粒（YEp）和酵母着丝粒质粒（YCp）[8]。

（2）酵母表达载体　含有酵母启动子。酿酒酵母表达系统中用于重组蛋白表达的载体有整合型质粒（YIp）、附加型质粒（YEp）和着丝粒质粒（YCp）。毕赤酵母表达系统又可分为分泌型表达载体和非分泌型表达载体两种。pPICZα A、pPICZα B 和 pPICZα C 载体是表达和分泌毕赤酵母中的重组蛋白常用的载体类型。图 3-2 为 pPICZα A 载体的图谱，AOX1 为启动子，对相关基因进行严格调控，保证甲醇诱导表达。此外还有用于重组蛋白分泌的 α-因子分泌信号和用于纯化的 MYC 抗原决定簇和 6×His 标签。pGAPZ A、pGAPZ B 和 pGAPZ C 载体为毕赤酵母表达非分泌型蛋白的常用载体，其使用 GAP 启动子在毕赤酵母中稳定表达重组蛋白。GAP 启动子的重组蛋白表达水平略高于 AOX1 启动子。与诱导型启动子对比，组成型启动子可以利用更多的碳源在毕赤酵母中表达外源蛋白[9]。

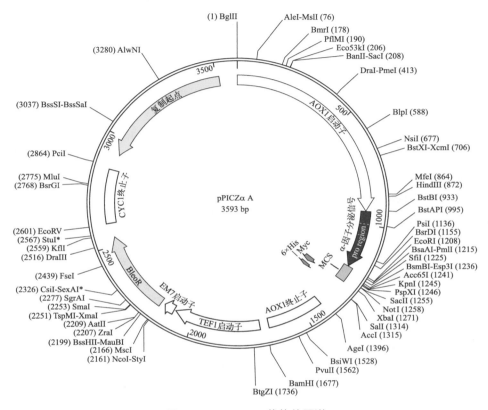

图 3-2　pPICZα A 载体的图谱

（3）酵母人工染色体（YAC）　是一种能够克隆长达 400kb 的 DNA 片段的载体，含有酵母细胞中必需的端粒、着丝点和复制起始序列，是细胞内具有遗传性质的物体，易被碱性染料染成深色，所以称为染色体。常用于构建基因组文库。

3.1.2.2　昆虫细胞表达系统

昆虫细胞表达系统属于真核细胞表达系统，但又不同于酵母及哺乳动物细胞表达系统，酵母表达的蛋白质易纯化但也易降解，而哺乳动物细胞表达系统表达的蛋白质更具生物活性但成本高。细菌表达系统属于原核表达系统，操作简单、周期短、收益大、表达产物稳定，但是表达基因的相对分子质量有限，且不能对表达产物进行翻译后加工修饰。昆虫细胞表达系统相对而言具有以下优点[10]：

（1）具有糖基化、乙酰化、磷酸化等一系列蛋白质翻译加工修饰系统，同时能让蛋白质正确折叠并形成合理的二硫键，使重组蛋白在结构和功能上更接近天然蛋白质。

（2）具有对重组蛋白进行定位的功能，如可将核蛋白转送到细胞核上，膜蛋白则定位在膜上，分泌蛋白则可分泌到细胞外等。

（3）昆虫细胞悬浮生长，容易放大培养，有利于大规模表达重组蛋白。表达量高，最高表达量可达昆虫细胞蛋白质总量的50%。

（4）可表达非常大的外源性蛋白（约200kD）而不至于影响本身的增殖。

（5）具有在同一个感染昆虫细胞内同时表达多个基因的能力。

（6）通用性广，能用于表达来自病毒、细菌、真菌、植物和动物的几乎所有的蛋白质，并且能表达带有内含子的外源基因。

（7）杆状病毒属于昆虫病毒，有高度特异的宿主范围，对脊椎动物和植物均无致病性，而且经重组后的病毒因失去多角体保护而使其在自然界的生存能力很弱，因此较为安全。

昆虫细胞表达系统的原理：通过转座作用将已构建到载体中（如pFastBac载体）的目的基因定点转座到能在大肠杆菌中增殖的杆状病毒穿梭载体（bacmid）上，再通过抗性和蓝白斑筛选得到重组穿梭质粒，随即提取重组穿梭质粒DNA转染昆虫细胞，得到的子代病毒即为重组病毒，然后用病毒上清液浸染昆虫细胞，即可诱导昆虫宿主细胞表达重组蛋白。杆状病毒是一类闭合环状双链病毒，病毒粒子呈杆状，以昆虫为主要宿主。杆状病毒还是一种出芽型分泌性病毒粒子，在感染细胞后能迅速在宿主细胞中水平传播而保持细胞在相当长的时间内不裂解，从而可最大限度地保持外源蛋白的稳定，因此昆虫细胞表达系统又被称为昆虫杆状病毒系统[11]。

Bac-to-Bac杆状病毒表达系统是使用最广泛的一类昆虫细胞表达系统。其原理如图3-3所示，首先进行载体的构建，pFastBac载体具有Tn7转座元件，可以将目的基因插入到pFastBac载体中左右Tn7转座元件的中间，形成mini-Tn7。构建完成后，将pFastBac质粒转入大肠杆菌DH10Bac细胞中，pFastBac载体上的mini-Tn7元件与杆粒上的mini-attTn7靶位点之间发生转座，从而生成重组bacmid。接着用蓝白斑筛选实验将重组成功的bacmid筛选出来以便于后续感染昆虫细胞操作。蓝白斑筛选的原理如下：大肠杆菌中的 *LacZ* 基因能翻译产生 β-半乳糖苷酶，它可将底物5-溴-4-氯-3-吲哚-β-D-半乳糖苷（X-gal）分解成蓝色的产物（5-溴-4-氯靛蓝），但是当目标基因插入到多克隆位点后会导致bacmid上

的 *LacZ* 基因产生移码而被破坏，从而导致无法编码 β-半乳糖苷酶，也就无法将底物 X-gal 分解成蓝色产物。筛选时蓝色菌落为转座不成功的质粒，而白色菌落就是含有重组质粒的菌落，抽提出白色菌落中的重组 bacmid 去感染昆虫细胞即可获得 P1 代和 P2 代病毒以及最终的目的蛋白[12]。

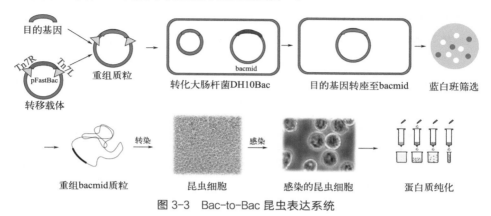

图 3-3　Bac-to-Bac 昆虫表达系统

3.1.2.3　哺乳动物细胞表达系统

哺乳动物细胞表达系统具有完善的翻译后修饰和蛋白质折叠系统，表达的重组蛋白在结构和功能上更接近天然蛋白质，因此近年来被大量用于表达治疗性重组蛋白，如疫苗、抗体等药物[13,14]。

哺乳动物细胞表达系统可分为瞬时表达系统、稳定表达系统和诱导表达系统三类。瞬时表达系统是指宿主细胞在导入表达载体后不经选择培养，载体 DNA 游离在细胞中，不能参与细胞分裂而逐渐丢失，目的蛋白需在细胞分裂前完成表达，因此具有操作便捷、实验周期短的特点；稳定表达系统是指载体进入宿主细胞并经选择培养，载体 DNA 加在受体细胞的基因组内，稳定存在于细胞内并能随着细胞裂解进行复制，目的蛋白的表达持久、稳定；诱导表达系统中，目的基因的转录受外源小分子诱导后才得以开放，其通过异源启动子、增强子和可扩增的遗传标记等组件定时定量控制蛋白质的表达[15]。

可用于表达重组蛋白的常用哺乳细胞有人胚胎肾细胞 HEK293、人胚胎视网膜细胞 PER.C6、MDCK 细胞、非洲绿猴肾细胞 COS、小鼠骨髓瘤细胞 NS0 和 Sp2/0、仓鼠肾细胞 BHK-21 以及中国仓鼠卵巢细胞 CHO等[16]。

哺乳动物细胞表达载体必须包含原核序列、启动子、增强子、选择标记基因、终止子和多聚核苷酸信号等控制元件。其可分为两类：非病毒载体（质粒）和病毒载体（腺病毒、逆转录病毒、腺相关病毒）[17]。

（1）非病毒载体　由真核复制信号、启动子、转录单位以及质粒片段组成，不需要包装细胞，如 pSV 系列、pCDNA3等[18]。

（2）病毒型载体　又分为整合型和游离型。前者将目的基因整合入宿主染色体随染色体复制而复制，可持续表达外源基因，但是安全性低，可能会整合到基因编码区导致插入诱变。此类载体包括逆转录病毒载体、慢病毒载体。后者不将目的基因整合到宿主染色体中，因此生物安全性高，能够瞬时表达。此类载体有腺病毒载体。

外源基因导入哺乳受体细胞的方法有 2 种：①用感染性病毒颗粒感染宿主细胞；②通过脂质体法、显微注射法、磷酸钙共沉淀法及 DEAE-葡聚糖法等非病毒载体的方式将基因导入到细胞中。

3.1.3　四种表达系统的对比

上述四种重组蛋白表达系统是目前使用最广泛的系统，各自具有各自的优缺点。大肠杆菌表达系统由于其简便性和低成本，是研究人员首选的表达系统，但是大肠杆菌由于缺乏修饰系统，表达的蛋白质经常面临活性低、不稳定、易沉淀等问题，此时，不得不考虑相对复杂的三种真核表达系统。表 3-1 所列为四种表达系统的优缺点。

表 3-1　四种表达系统的优缺点

项目	大肠杆菌表达系统	酵母表达系统	昆虫细胞表达系统	哺乳动物细胞表达系统
难易程度	容易	容易至中度复杂	复杂	复杂
细胞生长速度	快（30min）	快（90min）	慢（18 ～ 24h）	慢（24h）
培养基组成	简单	简单	复杂	复杂
培养基成本	低	低	高	高
表达水平	高	低～高	低～高	低～中
蛋白质表达方位	胞内	胞内和胞外	胞内和胞外	胞内和胞外
翻译后修饰	不具有	具有	具有	具有
蛋白质折叠	通常需要重折叠	可能需要重折叠	正常折叠	正常折叠

3.2　蛋白质纯化的方法与原理

蛋白质纯化是蛋白质晶体学中的一个重要过程，获得高纯度蛋白质是得到蛋白质晶体的必要条件。蛋白质纯化就是利用目的蛋白与杂质之间在物理化学性质上的差异使它们分开的过程。依据蛋白质间的相似性可以去除非蛋白物质，再根据蛋白质的差异性可将目的蛋白分离出来。目前用于纯化蛋白质的方法主要分为亲和层析技术、分子排阻色谱法、离子交换色谱技术[19]。

3.2.1　亲和层析技术

亲和层析是一种通过分子间的特异性识别和相互作用来分离纯化蛋白质的层析方法。这种相互作用包括如酶与底物、抗原和抗体、氨基酸与金属离子等之间的相互作用。将其中之一作为配基固定在填料上，就可以从初始样品中吸附相应的生物分子，然后通过合适的洗脱将其解离即可达到纯化的目的。配基与待纯化分子之间的相互作用包括静电、氢键、配位键、疏水和弱共价键等作用。

为了让重组蛋白能够与配基发生相互作用而达到纯化目的，在构建目的基因表达载体的过程中，需要在目的基因的 N 端或 C 端加上能够表达与配基相互作用的标签基因，这样表达的目的蛋白就会携带能够和配基发生相互作用的标签。常见的亲和层析标签如表 3-2 所示，其中组氨酸标签、GST 标签和 MBP 标签是较为常见的三种标签。

表 3-2　常用的亲和层析标签

标签	大小	配基
组氨酸标签（His 标签）	6 ~ 10 个组氨酸残基（0.84kD）	固相金属离子：镍、钴、铜、锌
GST 标签（谷胱甘肽 S-转移酶标签）	211 个氨基酸残基（26kD）	谷胱甘肽树脂
MBP 标签（麦芽糖结合蛋白标签）	396 个氨基酸残基（42.5kD）	交联直链淀粉
FLAG 标签	8 个氨基酸残基（DYKDDDDK）（1kD）	抗 FLAG 的单抗
Strep-II 标签	8 个氨基酸残基（WSHPQFEK）（1kD）	Strep-Tactin（修饰的链亲素）
Protein A（葡萄球菌蛋白 A）	280 个氨基酸残基	固相 IgG
CBP 标签（钙调蛋白结合肽标签）	26 个氨基酸残基	固相钙调蛋白
CBD 标签（几丁质结合结构域标签）	51 个氨基酸残基	几丁质
Halo 标签	约 300 个氨基酸残基	氯化烷烃

这种携带了纯化标签的蛋白质又被称为融合蛋白（fusion protein），其中纯化标签的分子量大小和性质有时候对目的蛋白的性质有所影响，如 GST 标签分子量达到 26kD，由于其本身良好的溶解性会增加整个融合蛋白的溶解性，使得

目的蛋白在溶液中更加稳定。然而，分子量较大的标签也会增加整个融合蛋白的异质性和柔性，使得目的蛋白晶体的生成更加困难。因此在具体实验中还需要根据实验需求提前判断标签在后期实验中是否需要保留。蛋白质结构的变化对蛋白质晶体的生成影响较大，即使是分子量很小的 6×His 标签，由于其在目的蛋白末端会增加蛋白质的柔性区域，有时也会改变蛋白质的结晶条件。因此在蛋白质晶体研究中，融合的标签通常需要切除，这就要求标签在插入目的基因两端时，在中间加入一个酶切位点。常见的酶切位点如表 3-3 所示。

表 3-3 常用的蛋白酶（protease）酶切位点

蛋白酶	识别位点
TEV 蛋白酶	Glu-Asn-Leu-Tyr-Phe-Gln↓Gly（ENLYFQ↓G）
凝血酶	Leu-Val-Pro-Arg↓Gly-Ser（LVPRG↓S）
Factor Xa	Ile-Glu/Asp-Gly↓Arg（IE/DG↓R）
肠激酶	Asp-Asp-Asp-Asp-Lys↓（DDDDK↓）
HRV 3C 蛋白酶	Leu-Glu-Val-Leu-Phe-Gln↓Gly-Pro（LEVLFQ↓GP）
SUMO 蛋白酶	识别 SUMO 的三维结构

3.2.1.1 His 标签

基于 His 标签的纯化也叫固定化金属离子亲和层析[20]。该方法原理为蛋白组氨酸中的咪唑环氮原子可与固定在树脂上的镍离子之间形成配位键而被吸附（图 3-4）。通常在目的蛋白的其中一端加入 6 个组氨酸，其在与镍离子树脂

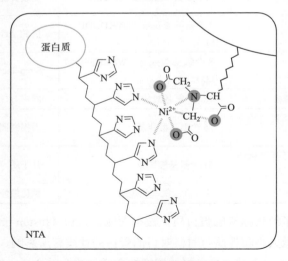

图 3-4 His 标签纯化的原理

（Ni-NTA）孵育时，6 个组氨酸可与 Ni^{2+} 形成稳定的配位键而被吸附在柱子上，而其他杂蛋白可被洗掉，最后用能够和 Ni^{2+} 形成更强作用的咪唑把目的蛋白洗脱出来（图 3-5）。

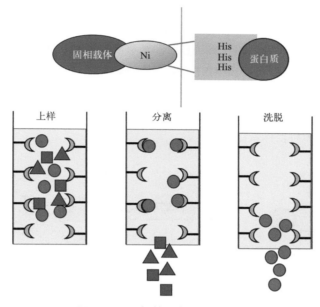

图 3-5　His 标签蛋白质纯化过程

His 标签分子量较小，只有 0.84kD，对目的蛋白的影响较小，此外由于免疫原性低，可将纯化的蛋白质直接注射进动物进行免疫并制备抗体。

具体实验过程通常分为上样、分离和洗脱三个过程。首先将含有目的蛋白的细胞裂解液经离心后的上清液与 Ni-NTA 孵育一定的时间，然后打开柱子开关让上清液流出色谱柱，此时目的蛋白将通过亲和作用挂在柱子上，而杂蛋白会流出柱子（称为 flow-through 部位）。然后用裂解液或其他 buffer 进一步将留在柱子上的杂质进行清洗（称为 wash 部位），最后用不同浓度的咪唑将目的蛋白进行洗脱（称为 elution 部位）。通过用 SDS-PAGE 对 lysis、flow-through、wash、elution 四个部位进行分析，就可判断纯化的效果。

蛋白质中除了插入的 6×His 标签外，目的蛋白和杂蛋白本身也会含有个别的组氨酸，有时甚至存在含有连续几个组氨酸的情况，这时除了目的蛋白中的 6×His 标签与 Ni^{2+} 形成相互作用外，杂蛋白中的个别组氨酸也会与 Ni^{2+} 形成一定的相互作用，这将导致这些杂蛋白与 Ni^{2+} 形成非特异性的结合，从而使得纯化的样品中含有一定的杂质。为了尽可能地减少这种非特异性的结合，可以在裂解液中和清洗液中加入一定浓度的咪唑（约 20mmol/L），在与 Ni-NTA 孵育时，让一定浓度的咪唑来阻挡这种杂蛋白与 Ni^{2+} 之间的非特异性结合。

3.2.1.2 GST 标签

GST 标签是利用 GST 融合蛋白中 GST 与固定的谷胱甘肽（GSH）树脂形成二硫键的作用来纯化融合蛋白的。如图 3-6 所示，当含有目的蛋白的细胞裂解液与谷胱甘肽树脂孵育后，在谷胱甘肽 S-转移酶（即 GST 标签）与底物谷胱甘肽之间的特异性作用力下，带 GST 标签的融合蛋白能够结合在谷胱甘肽树脂上，从而将带标签的蛋白质与其他蛋白质分离开。谷胱甘肽通常有氧化型（GSSG）和还原型（GSH），当使用 GSH 洗脱时，GSH 会与凝胶上的谷胱甘肽竞争结合融合蛋白，从而将目标蛋白洗脱[21]。

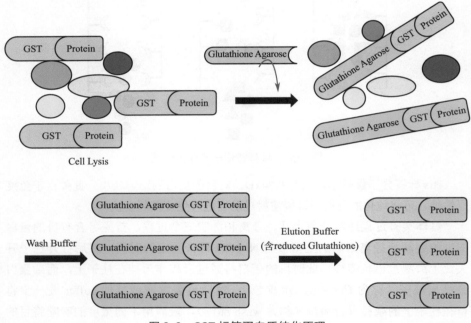

图 3-6 GST 标签蛋白质纯化原理

3.2.1.3 MBP 标签

麦芽糖结合蛋白（MBP）为 42.5kD 的大肠杆菌分泌型蛋白，能特异性地结合麦芽糖和直链淀粉，基于 MBP 标签纯化是利用 MBP 与直链淀粉之间由氢键形成的特异性相互作用。将直链淀粉通过共价键结合在磁珠上并固定在柱子上，可以将含有 MBP 标签的融合蛋白捕获在柱子上而让其他蛋白质流出柱子，然后通过用高盐破坏 MBP 与直链淀粉之间的氢键而将目的蛋白洗脱出来[22]。

3.2.2　分子排阻色谱法

分子排阻色谱法是根据分子大小进行分离的一种色谱技术，通常采用凝胶色谱柱，根据被分离分子的分子量大小进行分离，因此也称为凝胶色谱法。如图 3-7 所示，当样品从色谱柱的顶端向下运动时，大的蛋白质分子不能进入凝胶颗粒内部孔径较小的洞穴而从颗粒间隙迅速洗脱，而较小的蛋白质分子能够进入凝胶颗粒内部孔径较小的洞穴中，使得保留时间变长。被分离的蛋白质分子量越大，流出时间就越早，分子量越小，流出时间就越晚，最终可实现分子大小不同的蛋白质的分离，实现纯化的目的[23]。

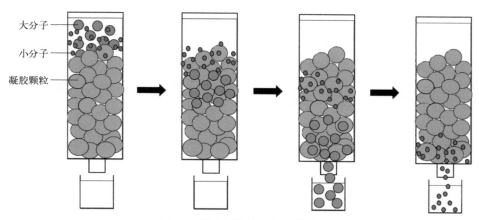

图 3-7　凝胶色谱柱的分子筛原理

通常，多数凝胶基质是化学交联的聚合物分子制备的，交联程度决定凝胶颗粒的孔径。常用的色谱基质有：葡聚糖凝胶（sephadex）、琼脂糖凝胶（sepharose）、聚丙烯酰胺凝胶（Bio-Gel P）等。高度交联的基质可用来分离蛋白质和其他分子量更小的分子，或是除去低分子量缓冲液成分和盐；而较大孔径的凝胶可用于蛋白质分子之间的分离。选用凝胶的孔径很大程度上取决于目标蛋白的分子量和杂蛋白的分子量。

3.2.3　离子交换色谱技术

离子交换色谱是蛋白质纯化技术中常用的一种方法，其原理是被分离物质所带的电荷可与离子交换剂所带的相反电荷结合，这种带电分子与固定相之间的结合作用是可逆的，在改变 pH 或者用逐渐增加离子强度的缓冲液洗脱时，离子交换剂上结合的物质可与洗脱液中的离子发生交换而被洗脱到溶液中。由于不同物质的电荷不同，其与离子交换剂的结合能力也不同，所以被洗脱到溶液中的顺序也不同，从而可被分离出来。

离子交换剂是由不溶于水的网状结构的高分子聚合物骨架构成的，骨架上有许多共价结合的带电基团，如果侧链带正电基团，就可与带负电荷的蛋白质结合，称为阴离子交换剂，如图 3-8 所示。如果侧链是带负电的基团，则称为阳离子交换剂。每一种蛋白质由于氨基酸组成不一样，导致其在同一条件下所带的电荷也不一样，使得不同的蛋白质在离子色谱柱上的保留时间也不一样，从而可达到被分离的效果[24]。

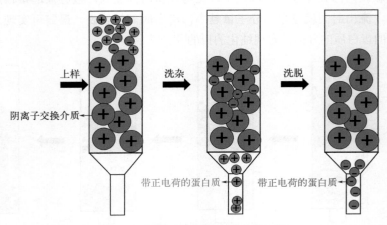

图 3-8   阴离子交换色谱技术的原理

3.3   蛋白质浓度测定

蛋白质浓度的测定在很多实验环节中非常重要，在蛋白质晶体学中需要将纯化好的蛋白质浓缩到较高的浓度才能达到结晶的条件，有时还需要尝试测定不同浓度下的结晶情况，因此测定蛋白质浓度至关重要。此外，在药物筛选时，也需要确定蛋白质的浓度，如在表面等离子体共振（SPR）试验时，蛋白质浓度的精准确定决定着蛋白质的偶联量。测定蛋白质浓度的方法有很多，如紫外吸收法（UV）、双缩脲法、二喹啉甲酸法（bicinchoninic acid assay，BCA）、Bradford 法、凯氏定氮法等，其中 UV 法、BCA 法及 Bradford 法较常用[25]。

3.3.1   UV 法测定蛋白质浓度

该法是通过测量蛋白质中含有共轭双键的酪氨酸和色氨酸等氨基酸在 280nm 处吸光值来估测蛋白质含量的。蛋白质浓度根据比尔-朗伯定律（Beer-Lambert law）计算，属于直接定量方法，适合测定较纯净、成分相对单一的蛋白质。紫外直接定量法相对于比色法来说，速度快，操作简单，但是容易受到平行物质的干扰，如 DNA 的干扰。另外该方法的灵敏度较低，要求测定蛋白质的浓度较高。

3.3.2 BCA 法测定蛋白质浓度

BCA 法是较为常用的一种方法。在碱性条件下，蛋白质中的肽键可将硫酸铜中的 Cu^{2+} 还原为 Cu^+。二喹啉甲酸可与一价铜离子结合形成稳定的蓝紫色复合物，该复合物在 562nm 处有较高的吸光值（图 3-9），并与蛋白质浓度成正比[26]。

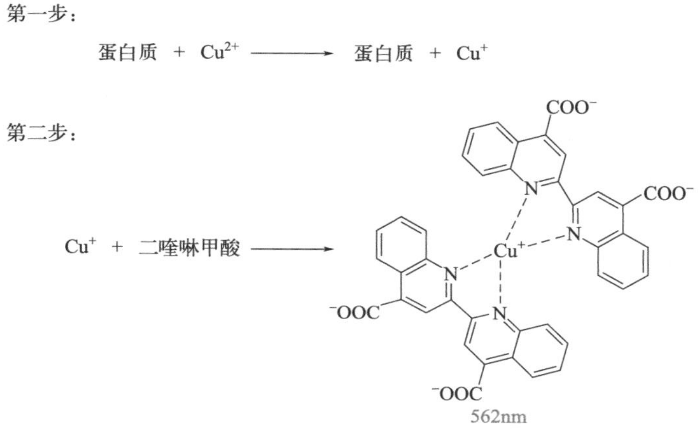

第一步：

$$蛋白质 + Cu^{2+} \longrightarrow 蛋白质 + Cu^+$$

第二步：

$$Cu^+ + 二喹啉甲酸 \longrightarrow$$

图 3-9 BCA 法原理

BCA 法测定蛋白质灵敏度高，操作简单，试剂及其形成的颜色复合物稳定性俱佳。BCA 方法适用于表面活性剂存在下的蛋白质浓度检测，可兼容高达 5% 的十二烷基硫酸钠（SDS），Triton X-100 及吐温（Tween）等。然而，由于 BCA 方法依靠铜离子进行显色反应，如果溶液中含有与铜离子反应的螯合剂（如 EDTA）或者还原性试剂［如滴滴涕（DTT）、β-巯基乙醇］，结果将受到很大程度的影响。同时，BCA 方法的检测结果也会受到蛋白质内半胱氨酸、酪氨酸、色氨酸含量的影响。这种方法的缺点是需要提前制作标准曲线，相对比较烦琐，但是结果相对稳定可靠。

3.3.3 Bradford 法测定蛋白质浓度

该方法的原理是，带负电的考马斯亮蓝染料与蛋白质中碱性氨基酸相互作用。考马斯亮蓝在溶液中显红色，吸收峰在 465nm 处，当与蛋白质结合后显蓝色，在 595nm 处有吸收峰，且在 595nm 处的吸光值与蛋白质的浓度成正比[27]。

由于不同蛋白质碱性氨基酸的含量不同，因此 Bradford 方法用于不同蛋白质测定时有较大的偏差。最常用的标准蛋白质牛血清蛋白与染料的反应偏大，导致测定的样品蛋白质含量偏低。因此，选择标准蛋白质建立标准曲线时，应尽量采用与待测样品蛋白质相同的蛋白质，或者选用与染料结合能力接近于蛋白质平均值的牛 γ-球蛋白为标准蛋白质，以减小偏差。另外，Bradford 方法受到 SDS、Triton X-100 等试剂的影响。

参考文献

[1] Lewis M. The lac repressor [J]. C R Biol, 2005, 328: 521-548.

[2] Marbach A, Bettenbrock K. *lac* operon induction in *Escherichia coli*: Systematic comparison of IPTG and TMG induction and influence of the transacetylase LacA [J]. J Biotechnol, 2012, 157: 82-88.

[3] Srivastava P, Bhattacharaya P, Pandey G, et al. Overexpression and purification of recombinant human interferon alpha2b in *Escherichia coli* [J]. Protein Expr Purif, 2005, 41: 313-322.

[4] Fox B G, Blommel P G. Autoinduction of protein expression [J]. Curr Protoc Protein Sci, 2009, Chapter 5: 5.23.1-5.23.18.

[5] Baghban R, Farajnia S, Rajabibazl M, et al. Yeast expression systems: Overview and recent advances [J]. Mol Biotechnol, 2019, 61: 365-384.

[6] Hamilton S R, Gerngross T U. Glycosylation engineering in yeast: the advent of fully humanized yeast [J]. Curr Opin Biotechnol, 2007, 18: 387-392.

[7] Sadowski I, Lourenco P, Parent J. Dominant marker vectors for selecting yeast mating products [J]. Yeast, 2008, 25: 595-599.

[8] Lundblad V. Yeast cloning vectors and genes [J]. Curr Protoc Mol Biol, 2001, Chapter 13: Unit13. 4.

[9] Reynolds A, Lundblad V, Dorris D, et al. Yeast vectors and assays for expression of cloned genes [J]. Curr Protoc Mol Biol, 2001, Chapter 13: Unit13.6.

[10] Unger T, Peleg Y. Recombinant protein expression in the baculovirus-infected insect cell system [J]. Methods Mol Biol, 2012, 800: 187-199.

[11] Kost T A, Condreay J P, Jarvis D L. Baculovirus as versatile vectors for protein expression in insect and mammalian cells [J]. Nat Biotechnol, 2005, 23: 567-575.

[12] Stolt-Bergner P, Benda C, Bergbrede T, et al. Baculovirus-driven protein expression in insect cells: A benchmarking study [J]. J Struct Biol, 2018, 203: 71-80.

[13] Zhu J. Mammalian cell protein expression for biopharmaceutical production [J]. Biotechnol Adv, 2012, 30: 1158-1170.

[14] Barnes L M, Dickson A J. Mammalian cell factories for efficient and stable protein expression [J]. Curr Opin Biotechnol, 2006, 17: 381-386.

[15] Khan K H. Gene expression in Mammalian cells and its applications [J]. Adv Pharm Bull, 2013, 3: 257-263.

[16] Baldi L, Hacker D L, Adam M, et al. Recombinant protein production by large-scale transient gene expression in mammalian cells: State of the art and future perspectives [J]. Biotechnol Lett, 2007, 29: 677-684.

[17] Kaufman R J. Overview of vector design for mammalian gene expression [J]. Mol Biotechnol, 2000, 16: 151-160.

[18] Lee T, Bradley M E, Walowitz J L. Influence of promoter potency on the transcriptional effects of YY1, SRF and Msx-1 in transient transfection analysis [J]. Nucleic Acids Res, 1998, 26: 3215-3220.

[19] Kim Y, Babnigg G, Jedrzejczak R, et al. High-throughput protein purification and quality assessment for crystallization [J]. Methods, 2011, 55: 12-28.

[20] Porath J. Immobilized metal ion affinity chromatography [J]. Protein Expr Purif, 1992, 3: 263-281.

[21] Schafer F, Seip N, Maertens B, et al. Purification of GST-tagged proteins [J]. Methods Enzymol, 2015, 559: 127-139.

[22] Duong-Ly K C, Gabelli S B. Affinity purification of a recombinant protein expressed as a fusion with the maltose-binding protein (MBP) tag [J]. Methods Enzymol, 2015, 559: 17-26.

[23] Hong P, Koza S, Bouvier E S. Size-exclusion chromatography for the analysis of protein biotherapeutics and their aggregates [J]. J Liq Chromatogr Relat Technol, 2012, 35: 2923-2950.

[24] Cummins P M, Rochfort K D, O'Connor B F. Ion-Exchange Chromatography: Basic Principles and Application [J]. Methods Mol Biol, 2017, 1485: 209-223.

[25] Olson B J, Markwell J. Assays for determination of protein concentration [J]. Curr Protoc Protein Sci, 2007, Chapter 3: Unit 3.4.

[26] Bainor A, Chang L, McQuade T J, et al. Bicinchoninic acid (BCA) assay in low volume [J]. Anal Biochem, 2011, 410: 310-312.

[27] Kielkopf C L, Bauer W, Urbatsch I L. Bradford assay for determining protein concentration [J]. Cold Spring Harb Protoc, 2020, 2020: 102269.

第4章
蛋白质晶体的培养

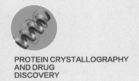

PROTEIN CRYSTALLOGRAPHY
AND DRUG
DISCOVERY

4.1　什么是蛋白质晶体

晶体是由大量微观物质单位（原子、离子、分子等）按一定规则周期性组装而成的物质。晶体按其结构粒子和作用力的不同可分为四类：离子晶体、原子晶体、分子晶体和金属晶体。蛋白质晶体中被组装的微观物质单位就是蛋白质分子，它属于分子晶体。蛋白质分子在一定条件下通过弱相互作用有规则地在三维空间呈周期性重复排列，组成很多个一定形式的晶胞，这些晶胞规则叠加后即形成蛋白质晶体。蛋白质晶体不同于金属晶体（如镁）和原子晶体（如金刚石），其晶体结构中分子的排列没有金属晶体和原子晶体那么紧密，蛋白质晶体中蛋白质分子的含量通常只占到 50% 左右，而剩下的 50% 左右则是溶剂分子[1]。另外，蛋白质分子体积较大，本身又具有较为复杂的空间结构，导致蛋白质晶体的质地非常脆弱，很容易碎裂，这就要求研究者在处理蛋白质晶体时一定要谨慎。

蛋白质可以随着生长条件或蛋白质结构的改变长出不同形状的晶体，如图 4-1 所示，有花瓣状、柱状、片状、针状、立方体、钻石等多种形状。晶体的形状和衍射数据质量并无直接关系，好看的晶体并不一定就能获得高分辨率的衍射数据，但是通常来说，比较规整的晶体衍射质量较高。蛋白质晶体的大小在微米级别，很难用肉眼观察，通常需要借助显微镜观察。由于晶体表面不同晶面

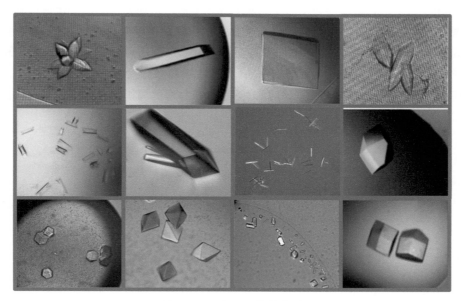

图 4-1　蛋白质晶体的类型

的角度以及晶体内部蛋白质分布的差异，对自然光的折射产生差异，从而可造成在偏光显微学下晶体会显示出不同的颜色[2]。此外，好看的晶体除了形状长得规则外，体积也较大，捞取时更加容易，而那些小的晶体，如针状晶体，捞取非常困难，且易碎。

在同步辐射光源收集衍射数据时，需要对蛋白质晶体进行旋转以便收到全方位的衍射数据。这时，如果晶体的形状比较规整，在各个方位都能被照到 X 射线，收集的数据完整性就较高；但是如果晶体的形状不规则，如片状、针状等，则在旋转的过程中容易造成某个面照射不到 X 射线的情况，从而将导致收集的数据不完整，在后期解析结构时会比较困难。

4.2　蛋白质晶体形成的原理

纯化得到的蛋白质通常溶解在适宜的缓冲液中。缓冲液中除了用于调节 pH 值的化学物质和稳定蛋白质的盐之外，多数都是水分子，因此，溶解在缓冲液中的蛋白质分子周围包裹着大量水分子。结晶的过程中蛋白质分子需要挣脱水分子的包围，并通过弱相互作用形成规则的排列结构[3]。如图 4-2 所示，在低浓度时，每个蛋白质分子周围包裹着更多的水分子，在蛋白质浓缩过程中，蛋白质分子周围分布的水分子不断减少。为了让蛋白质分子进一步达到过饱和状态，还需要加入沉淀剂类分子。此类分子通常是一类能够和水分子形成氢键的物质，如 PEG 系列，它们能够和蛋白质一起争夺水分子，从而使得分布在蛋白质分子周围的水分子更少，这个过程类似于脱水。当沉淀剂吸附更多的水分子之后，蛋白质即进入过饱和状态。此时有些蛋白质分子之间不再存在水分子，于是这些分子之间通过弱相互作用形成晶核（异相成核）。随着水分子进一步减少，晶核不断吸引排列方式相同的蛋白质分子聚集在晶核的周围，晶体不断长大（自

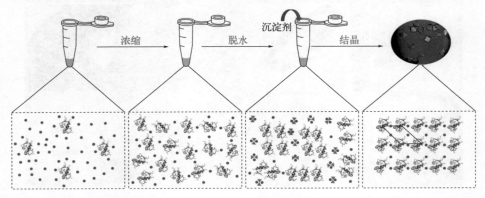

图 4-2　蛋白质结晶的过程（·表示水分子，工表示沉淀剂）

发均匀成核）[4]。

晶体培养的难点在于如何找到合适的条件让蛋白质分子规则排列并形成晶体，如果条件不合适只会得到蛋白质"聚集体"。图 4-3 为蛋白质结晶过程中蛋白质浓度与沉淀剂浓度之间的关系，也表示蛋白质晶体形成的相图。蛋白质在溶剂中存在如图 4-3 所示的四种区，即稳定区、亚稳定区、不稳定区和沉淀区。稳定区蛋白质浓度较低，处于不饱和状态。随着沉淀剂浓度升高，蛋白质浓度急剧升高，蛋白质进入过饱和状态，这时局部的蛋白质分子之间相互靠近形成晶核。随着蛋白质浓度和沉淀剂浓度的进一步升高，更多的蛋白质分子相互靠近并以相同排列方式形成晶体。图 4-3 也显示，当蛋白质浓度较高时，需要的沉淀剂的量较少，而蛋白质浓度较低时，则需要更多的沉淀剂。如果把握不好蛋白质浓度和沉淀剂浓度，就会让蛋白质进入沉淀区[5,6]。

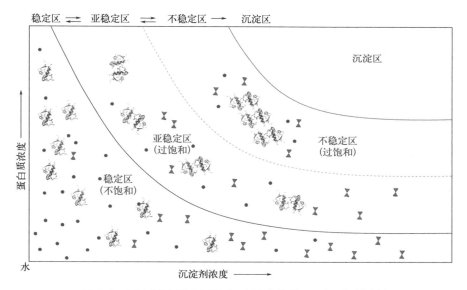

图 4-3　蛋白质溶解度相图（·表示水分子，🏺表示沉淀剂）

蛋白质晶体形成的过程中，随着蛋白质分子的聚集程度，整个体系的能量也在发生变化。如图 4-4 所示，蛋白质分子处于缓冲液中时属于一种松散无序、杂乱无章的排列，此时的体系能量较低。随着蛋白质浓度的升高，蛋白质分子开始非特异地聚集，体系能量慢慢升高。而晶核形成时体系能量属于最高能量态，然后随着蛋白质晶体的慢慢长大，体系能量又不断降低。因此，蛋白质必须克服这个能量势垒才能形成晶体，而这个能量势垒与蛋白质本身的性质（弱相互作用的大小）、浓度、沉淀剂等相关，能量势垒越高，晶核形成越慢。因此，蛋白质生长条件的优化其实也属于一个降低能量势垒的过程[7,8]。

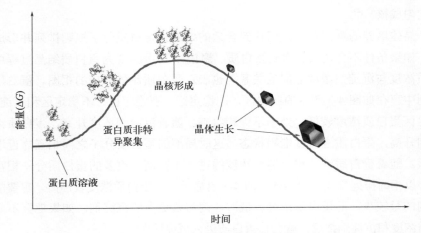

图 4-4　蛋白质晶体形成过程中能量变化图

4.3　蛋白质晶体培养的方法

从蛋白质溶解度相图（图 4-3）可以看出，让蛋白质结晶需要增加蛋白质的浓度让其处于过饱和状态。单单通过浓缩的方式很难让蛋白质达到过饱和状态，一般需要加入沉淀剂来协助这一过程。具体的实验分为两种，分别是蒸汽扩散（vapor diffusion）和液相扩散（liquid phase diffusion）。用得最多的是蒸汽扩散，包括悬滴法（hanging drop）和坐滴法（sitting drop）（图 4-5），其原理是：将一滴含有蛋白质的液体滴在载玻片上或坐滴孔中，并将其置于含有池液（reservoir resolution）的孔中进行密封，其中池液含有盐、沉淀剂、添加物等。这时由于池液中盐、沉淀剂、添加物等的浓度高于蛋白质液滴，水分子将从蛋白质液滴中扩散到池液中，这使得可用于包围蛋白质分子的水变少，蛋白质分子开始相互结合，最终以规则排列的方式产生漂亮的晶体。有时为了让蛋白质快速达到

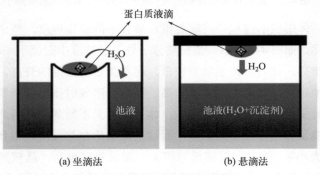

图 4-5　坐滴法和悬滴法示意图

过饱和状态，可先将蛋白质和池液混合之后再进行扩散，因为池液中沉淀剂的浓度较高，与蛋白质液滴混合之后会快速抢夺蛋白质分子周围的水分促使蛋白质快速达到过饱和状态[9]。

图 4-6 为坐滴法的具体实施过程。首先将高纯度的蛋白质浓缩至 20mg/mL 的高浓度，然后取 1μL 蛋白质和 1μL 池液混合之后置于载玻片上或坐滴孔中并进行封闭。刚混合时蛋白质由于被稀释，浓度变成 10mg/mL，沉淀剂 PEG3350 也从 25% 稀释至 12.5%。但此时池液中的 PEG3350 浓度仍为 25%，从而导致坐滴中和池液中 PEG3350 的浓度形成差异。由于沉淀剂具有吸水性，而水分子又具有蒸发扩散性，最终导致坐滴中的水分子不断地扩散到池液中，并达到平衡。此时蛋白质浓度又恢复到初始的 20mg/mL，蛋白质液滴中的 PEG3350 浓度也恢复至 25%。接下来的分子状态并未停止，由于 PEG3350 具有吸水性，会一步步地将包裹在蛋白质周围的水分子抢夺过来，让蛋白质的浓度达到过饱和。这时部分蛋白质互相靠近会形成晶核，然后可吸引更多的蛋白质吸附并排列在晶核周围，最终长出完美的蛋白质晶体[10]。

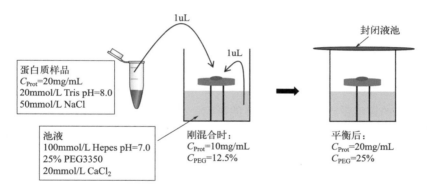

图 4-6　坐滴法的详细过程

市场上有不同规格的坐滴法和悬滴法的结晶板，实验室较为常见的为 24 孔结晶板（图 4-7）。首先将含有蛋白质的液滴滴在圆形的盖玻片上，然后将盖玻

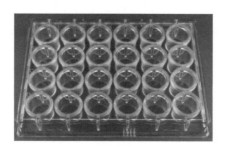

图 4-7　24 孔结晶板

片翻过来盖在涂有密封胶的 24 孔结晶板上。在操作过程中应确保密封性，否则时间久了池液和蛋白质液滴中的水分会挥发干，将会影响晶体的形成或破坏已经形成的晶体。

4.4 蛋白质晶体形成的影响因素及条件筛选

4.4.1 蛋白质晶体形成的影响因素

蛋白质晶体是一种很娇贵的产物，影响其形成的因素包括 pH、盐的种类和浓度、沉淀剂的种类和浓度、蛋白质的浓度、温度、湿度等[2]，因此想得到漂亮的蛋白质晶体需要天时、地利、人和。

天时指的是温度和湿度。增加温度可以加快蛋白质液滴与池液间的水分子交换速度，从而使得蛋白质液滴与池液间更快地达到平衡。这种增速理论上是可以加快蛋白质晶体形成的，但是还需要考虑蛋白质的稳定性。蛋白质液滴与池液间的快速平衡对于不太稳定的蛋白质而言更容易导致其进入沉淀区而形成沉淀，因此这种不稳定的蛋白质一般都要在低温环境下进行培养。培养蛋白质晶体的实验室一般需要准备两个温度的培养环境，一般是室温和 8℃ 两种环境。此外，虽然蛋白质生长的扩散池是一个密封的环境，但是这种密封做不到绝对，扩散池中的水分子会扩散到外环境，导致池液和蛋白质液滴中的水分子减少，这种减少的速度受到外界环境湿度的影响，外界环境的湿度越小，这种扩散越快。总之，温度和湿度是对培养环境的一种要求，温度和湿度的均衡性是晶体培养环境的重要要求，只有恒湿恒温的环境才有利于长出好的晶体。室温培养并不是指放在实验室就行，还要考虑实验室温度的昼夜变化，尤其是北方，通常建议放在一个室温较为均衡的环境中，如恒温培养箱。

地利指的是有合适的 pH、盐和沉淀剂。pH 与蛋白质的等电点有关系，可以影响蛋白质的稳定性。盐和沉淀剂会影响蛋白质脱水的速度。因为晶体形成受到这么多条件的影响，所以在对一种新蛋白质进行晶体培养时需要筛选多种结晶条件。目前也有多种市场化的蛋白质晶体筛选试剂盒，如 Hampton 公司的各种试剂盒。但是即使有试剂盒，人工筛选的通量还是很有限，另外人工筛选也需要更多的蛋白质。因此，有些专门从事蛋白质晶体学的实验室目前已经实现了机器人筛选，如 TTP 的 Mosquito 机器人，一天能筛选上千种条件[11]。它还可以配置一部显微镜机器人，以便实时将晶体形成情况的图片传送至手机。在筛选一种蛋白质的生长条件时，一般分为初筛和优化两个步骤。当用试剂盒或机器人筛选出适合的一些条件后，得到的晶体往往较小，不适合后期的捞取，因此需要通过对此条件的进一步优化以获得更大更好的蛋白质晶体。优化的过程包括增大液滴的体积、细微改变盐和沉淀剂的浓度、改变温度、改变蛋白质浓度等过程[12]。

人和指的是熟练的操作。在蛋白质晶体培养实验中，体现操作重要性的地方包括：①蛋白质溶液和池液的取样和混合，因为取样的体积一般是在 1uL 左右，这种小体积的取样如操作不熟练或者移液器不精准将会导致蛋白质和池液的混合比不准确，从而影响晶体的生长；②蛋白浓度的确定，蛋白质浓度在晶体培养中起着关键性作用，如果定量不准确就会与文献上的结晶浓度不一致，导致结晶不成功。

4.4.2　蛋白质晶体培养的条件筛选及优化方法

蛋白质晶体培养条件的筛选分为两个步骤。第一步首先是要通过筛选不同的条件来找出能够结晶的条件。这一步通常需要结合试剂盒或 Mosquito 机器人来进行高通量筛选。这种高通量筛选为了节省蛋白质的用量，一般会选择较小的液滴，因此得到的晶体会较小或存在缺陷。因此为了获得更大、更完美的晶体，通常要进行第二步，即生长条件的优化。这一步就是基于第一步筛选出的条件，对其进行进一步的优化。如通过高通量筛选发现蛋白质在下述条件下能够长出微小的晶体：Ammonium acetate 0.1mol/L；Bis-Tris pH 5.5，0.1mol/L；PEG3350 17%。此时就需要通过第二步来优化这个条件，以便获得更大的晶体。根据该条件，能够影响晶体性状的变量有 Ammonium acetate 的浓度、Bis-Tris 的浓度和 pH 值、PEG3350 的浓度，因此需要对上述条件进行优化。优化的过程通常是改变其中一个变量，而其他变量不变。针对筛选的 24 孔板，可以设置如表 4-1 所示的筛选方案。第一排主要改变 Ammonium acetate 的浓度，其他条件不改变；第二排主要改变 Bis-Tris 的 pH 值，其他条件不改变；第三排主要改变 Bis-Tris 的浓度，其他条件不变；第四排主要改变 PEG3350 的浓度，其他条件不变。通过这样的筛选，就可以确定哪一个条件对晶体生长的影响力最大，同时可能会获得更大的晶体。

此外，有时还需要对蛋白质的浓度进行优化，可以采用不同比例的池液和蛋白质混合的方式。在悬滴法时采用最多的混合比是 1:1（1μL 蛋白质液 +1μL 池液），如果这种方式生长的晶体不够好，还可以通过其他比例来改变蛋白质浓度。如图 4-8 所示，可以在一片盖玻片上滴三个比例的液滴，第一滴种蛋白质和池液的比例为 1:1，第二滴种蛋白质和池液的比例为 2:1，第三滴种蛋白质和池液的比例为 1:2。这三种情况下蛋白质的浓度不一样，第三滴中的蛋白质浓度将会达到最高[13]。

表 4-1　晶体生长条件筛选方案

Ammonium acetate: 0.01mol/L Bis-Tris: pH5.5, 0.1mol/L PEG3350: 17 %	**Ammonium acetate: 0.05mol/L** Bis-Tris: pH5.5, 0.1mol/L PEG3350: 17 %	**Ammonium acetate: 0.1mol/L** Bis-Tris: pH5.5, 0.1mol/L PEG3350: 17 %	**Ammonium acetate: 0.15mol/L** Bis-Tris: pH5.5, 0.1mol/L PEG3350: 17 %	**Ammonium acetate: 0.20mol/L** Bis-Tris: pH5.5, 0.1mol/L PEG3350: 15 %	**Ammonium acetate: 0.25mol/L** Bis-Tris: pH5.5, 0.1mol/L PEG3350: 16 %
Ammonium acetate: 0.1mol/L **Bis-Tris: pH3.5,** 0.1mol/L PEG3350: 17 %	Ammonium acetate: 0.1mol/L **Bis-Tris: pH4.0,** 0.1mol/L PEG3350: 17 %	Ammonium acetate: 0.1mol/L **Bis-Tris: pH4.5,** 0.1mol/L PEG3350: 17 %	Ammonium acetate: 0.1mol/L **Bis-Tris: pH5.0,** 0.1mol/L PEG3350: 17 %	Ammonium acetate: 0.1mol/L **Bis-Tris: pH5.5,** 0.1mol/L PEG3350: 17 %	Ammonium acetate: 0.1mol/L **Bis-Tris: pH6.0,** 0.1mol/L PEG3350: 17 %
Ammonium acetate: 0.1mol/L Bis-Tris: pH5.5, **0.01mol/L** PEG3350: 17 %	Ammonium acetate: 0.1mol/L Bis-Tris: pH5.5, **0.05mol/L** PEG3350: 17 %	Ammonium acetate: 0.1mol/L Bis-Tris: pH5.5, **0.1mol/L** PEG3350: 17 %	Ammonium acetate: 0.1mol/L Bis-Tris: pH5.5, **0.15mol/L** PEG3350: 17 %	Ammonium acetate: 0.1mol/L Bis-Tris: pH5.5, **0.20mol/L** PEG3350: 17 %	Ammonium acetate: 0.1mol/L Bis-Tris: pH5.5, **0.25mol/L** PEG3350: 17 %
Ammonium acetate: 0.1mol/L Bis-Tris: pH5.5, 0.1mol/L **PEG3350: 15%**	Ammonium acetate: 0.1mol/L Bis-Tris: pH5.5, 0.1mol/L **PEG3350: 16 %**	Ammonium acetate: 0.1mol/L Bis-Tris: pH5.5, 0.1mol/L **PEG3350: 17%**	Ammonium acetate: 0.1mol/L Bis-Tris: pH5.5, 0.1mol/L **PEG3350: 18%**	Ammonium acetate: 0.1mol/L Bis-Tris: pH5.5, 0.1mol/L **PEG3350: 19%**	Ammonium acetate: 0.1mol/L Bis-Tris: pH5.5, 0.1mol/L **PEG3350: 20%**

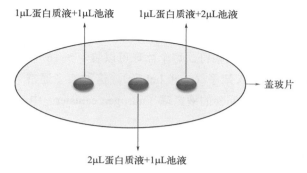

图 4-8　悬滴法中蛋白质和池液不同的组合比例

4.5　蛋白质晶体的捞取和冷冻保存

4.5.1　蛋白质晶体的捞取

蛋白质晶体的捞取和冻存也是一个比较烦琐且讲技巧的过程，主要过程如图 4-9 所示，首先要选取捞取晶体的环（loop），这种环有不同材质和不同大小规格，需要根据蛋白质晶体的大小来选择。因为环太小，所以一般都固定在一种空心的针（pin）上，然后再将这个带有环的针安装在有磁性的底座上（base）。底座可在同步辐射光源线站上样时通过被带有磁性的上样手臂磁吸来实现上样。捞取晶体时用一根磁力棒（magnetic wand）吸住底座进行捞取，因为晶体较小，这种捞取都是在显微镜下进行的，因此技巧性要求较高。不稳的手法不仅捞不到晶体，还容易把晶体捣碎。捞到晶体后需要以最快的速度将含有晶体的环放

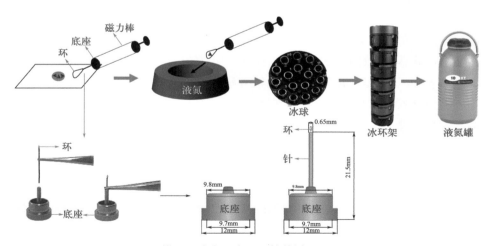

图 4-9　捞取和冻存蛋白质晶体的过程及所需工具

入液氮中，待冻住后再快速转入已经放置在液氮中的冰球（puck）中，这种冰球中有放置样品的孔，不仅可以用来携带晶体，还在光源上样时需要，因此冰球的类型需要和线站的参数相符。每个冰球可以装 1 ～ 16 个晶体样品，待装入冰球之后，再将冰球装入架子（puck holder）。这种架子通常可以装 7 个冰球，装好冰球的架子可以装入配套的液氮罐（nitrogen canister）中，然后就可以带着液氮罐前往光源。

4.5.2　蛋白质晶体的冷冻保存

（1）蛋白质晶体的 X 衍射为什么要在低温下进行？

同步辐射光源用于衍射蛋白质晶体的 X 射线能量极高，范围在 6 ～ 15keV 范围内，这将产生严重的电离辐射。蛋白质晶体暴露于 X 射线会导致光电子和自由基的形成，这些反过来会与蛋白质发生反应，导致蛋白质结构中的二硫键和其他键的破坏，进一步降低晶格的有序性，最终会缩短蛋白质晶体在 X 射线束中的寿命，致使在用户还没有收集到完整数据前晶体已经被破坏[14]。但是在低温下，这些自由基的扩散显著减少，晶体寿命延长。因此，蛋白质晶体的 X 射线衍射实验通常是在低温下进行的，主要是为了最大限度地减少辐射损伤。

（2）怎样冷冻蛋白质晶体？

蛋白质晶体内部除了有序排列的蛋白质分子之外，还充满了由盐、沉淀剂、添加物组成的水溶液。当冷却到低温时，晶体内部和包裹在周围的水会形成冰晶，这会引起额外的 X 射线散射而降低蛋白质晶体的衍射数据质量，同时这些冰晶还可能破坏蛋白质晶格。将蛋白质晶体快速冷却至低于水的玻璃化转变温度并使其形成玻璃状水相的过程可以减少冰晶的形成。纯水的玻璃化转变温度（T_g）在 130 ～ 140K 之间（−143 ～ −133℃）。如图 4-10 所示，当水分子处于均相成核温度和玻璃化转变温度之间的冰晶成核窗（ice nucleation window）时就容易形成冰晶[15]。如果在冷冻晶体的过程中尽量避开这个冰晶成核窗将会减少冰晶的形成。避开这个冰晶成核窗的思路有以下两种。

① 加入冷冻保护剂。因为冷冻保护剂本身的玻璃化转变温度较高，如甘油的玻璃化转变温度为 186 ～ 190K（−87 ～ −83℃），乙二醇玻璃化转变温度为 155K（−118℃），当冷冻保护剂和水混合之后就会使水的玻璃化转变温度升高。如图 4-10 所示，随着水中乙二醇含量的不断增加，水的玻璃化转变温度升高，均相成核温度降低，在达到一定比例后两条线交叉，意味着冰晶不再形成。因此，在冷冻蛋白质晶体的过程中经常需要加入冷冻保护剂。最常见的冷冻保护剂为甘油、乙二醇、聚乙二醇等。当培养晶体的池液中含有一定量的冷冻保护剂时，不再需要另外加入冷冻保护剂。

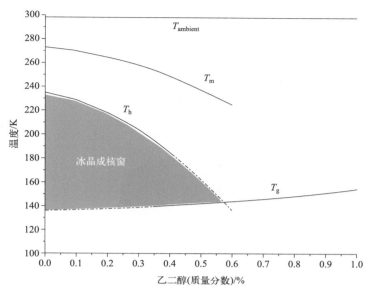

图 4-10　水的相图随着冷冻保护剂的变化[15]

$T_{ambient}$—外界温度；T_m—冰的熔点；T_g—水的玻璃化转变温度；T_h—水的均相成核温度

② 加快冷冻速度。常用于冷冻蛋白质晶体的试剂为液氮，其温度为 77～63K（-196～-210℃），远远低于水的玻璃化转变温度。因此只要用足够快的速度将蛋白质晶体置于液氮中，理论上就可避免冰晶的形成。但是现实中，影响蛋白质冷冻速度的因素有很多，包括晶体进入液氮的速度、晶体的形状和大小、晶体内部的溶剂含量、蛋白质的类型、晶体周围的溶剂、环的性质、环境的湿度等。

冷冻晶体时，先用合适的环在显微镜下从长有晶体的液滴中捞到晶体，然后迅速将含有晶体的环放置于液氮中。如图 4-11 所示，在装有液氮的泡沫盒中从上至下分别是空气层（gas）、冷氮气层（cold nitrogen gas）、液氮层（liquid nitrogen），晶体从捞出到液氮分别经过上述三层。空气层对冷冻没有什么影响，但是在空气层中晶体因为没有液体保护可导致脱水，因此不宜久留。冷氮气层是由液氮蒸发至空气时形成的，其温度正好处于水的冰晶成核窗，因此这个层越厚，冰晶越容易形成。所以在冷冻晶体的过程中应尽量避免冷氮气层的形成。常用的方法有两种：①用 CO_2 气体吹走冷氮气层；②用新鲜的液氮，因为液氮放置的时间越久，其挥发量越多，形成的冷氮气层越厚。此外，蛋白质晶体越大，其在液氮中被冷冻的速度越慢。在培养晶体时，得到的晶体大有利于捞取，但是过大会影响冷冻速度，导致蛋白质晶体内部的水形成冰晶而影响衍射。因此培养晶体合适就好，并不是越大越好。此外环境湿度也是导致冰晶形成的原因之一，在湿度大的环境中，晶体进入液氮前会吸收环境的水分而被一层水层包裹，从而在冷冻过程中形成冰晶，因此在冷冻过程中降低环境湿度也有助于减少冰晶。总之，冷冻晶体是必需过程，在这个过程中要尽可能地减少冰晶的形成。

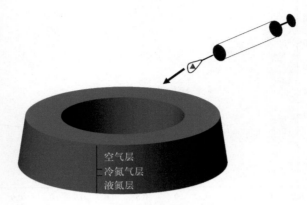

图 4-11　液氮泡沫盒示意图

4.6　蛋白质晶体的运输

蛋白质晶体的衍射数据需要在同步辐射光源收集，这种用于衍射生物大分子的大型装置国内目前只有上海光源能满足，因此如何将获得的蛋白质晶体运送到光源也是很重要的过程。通常有以下三种方式可以运送：

（1）低温运送　就是将冷冻后的蛋白质晶体装在液氮罐中一起运输，这是目前研究者最常用的方式。但是液氮罐具有一定的危险性，在国内常被航空部门拒之门外，因此液氮罐经常选用铁路运输。即使是铁路运输，液氮罐在运输过程中也不能装有液氮，因为低温液体也会被铁路运输部门拒绝。这时不得不选择保温效果好的液氮罐，在运输之前 24h 就开始用液氮冷却，冷却至温度不再大幅下降时将液氮倒空，这时液氮罐还可以保持低温 48 ～ 72h。

（2）将含有晶体的液滴或者多孔板带到光源。直接携带多孔板的方式需要平稳运输，不能将里面的液滴破坏，因此适合于短途运输。另外可以采用毛细管，用虹吸的方式将含有晶体的液滴吸入，两端封住，带到光源后将其轻轻吹出，然后进行捞取、冷冻、收集数据。这种方式的缺点是晶体在被吸入和吹出过程中被破坏的风险较大。

（3）在实验室摸索好晶体生长条件后，将准备好的蛋白质带到光源再培养晶体。这种方式要确保蛋白质在路途中稳定，同时要求蛋白质晶体生长的时间不宜过长，不然实验时间将延长，费用将大大提高。

参考文献

[1] Desiraju G R. Crystal engineering: A brief overview [J]. J Chem Sci, 2010, 122: 667-675.

[2] McPherson A. Protein crystallization [J]. Methods Mol Biol, 2017, 1607: 17-50.

[3] McPherson A, Gavira J A. Introduction to protein crystallization [J]. Acta Crystallogr F Struct Biol Commun, 2014, 70: 2-20.

[4] Dessau M A, Modis Y. Protein crystallization for X-ray crystallography [J]. J Vis Exp, 2011 (47): 2285.

[5] Asherie N. Protein crystallization and phase diagrams [J]. Methods, 2004, 34: 266-272.

[6] Weber P C. Physical principles of protein crystallization [J]. Adv Protein Chem, 1991, 41: 1-36.

[7] Chayen N E, Saridakis E. Protein crystallization: From purified protein to diffraction-quality crystal [J]. Nat Methods, 2008, 5: 147-153.

[8] Derewenda Z S, Vekilov P G. Entropy and surface engineering in protein crystallization [J]. Acta Crystallogr D Biol Crystallogr, 2006, 62: 116-124.

[9] Benvenuti M, Mangani S. Crystallization of soluble proteins in vapor diffusion for X-ray crystallography [J]. Nat Protoc, 2007, 2: 1633-1651.

[10] Luft J R, DeTitta G T. Chaperone salts, polyethylene glycol and rates of equilibration in vapor-diffusion crystallization [J]. Acta Crystallogr D Biol Crystallogr, 1995, 51: 780-785.

[11] Hui R, Edwards A. High-throughput protein crystallization [J]. J Struct Biol, 2003, 142: 154-161.

[12] Gavira J A. Current trends in protein crystallization [J]. Arch Biochem Biophys, 2016, 602: 3-11.

[13] Forsythe E L, Maxwell D L, Pusey M. Vapor diffusion, nucleation rates and the reservoir to crystallization volume ratio [J]. Acta Crystallogr D Biol Crystallogr, 2002, 58: 1601-1605.

[14] Kriminski S, Caylor C L, Nonato M C, et al. Flash-cooling and annealing of protein crystals [J]. Acta Crystallogr D Biol Crystallogr, 2002, 58: 459-471.

[15] Shah B N, Unmesh C, Stephen J T, et al. Flash cooling protein crystals: Estimate of cryoprotectant concentration using thermal properties [J]. Cryst. Growth Des., 2011, 11: 1493-1501.

第5章
X 射线衍射的原理

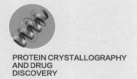

PROTEIN CRYSTALLOGRAPHY
AND DRUG
DISCOVERY

5.1 什么是 X 射线

随着人们对电磁波的认识不断加强，越来越多的电磁波应用于人类的生活和生产当中。图 5-1 为整个电磁波波谱，随着电磁波波长从大到小，电磁波主要可以分为无线电波区（radio wave）、微波区（microwave）、红外区（infrared）、可见光区（visible spectrum）、紫外区（ultraviolet spectrum）、X 射线区（X-ray）、γ 射线区（γ-ray）。光的能量 $E=hc/\lambda$，其中 h 为普朗克常量，c 为光速，λ 为波长。可见电磁波随着波长的减小，频率增加，同时电磁波的能量也增加。

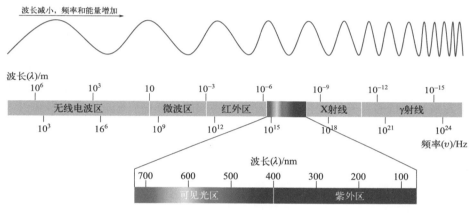

图 5-1　电磁波波谱

X 射线是一种高能量的电磁辐射（能量约 12398eV），它和可见光虽然是两种完全不同的光波，但 X 射线实际上只是一种能量更高的可见光形式，或者可见光只是一种能量低得多的 X 射线，它们都由称为光子的小能量包组成并以电磁波的形式进行传递。所有形式的电磁波都以相同的线速度传播（光通过空气的速度 $c=3\times10^8$m/s）。因此，如果要同时从同一地点发射激光和 X 射线，它们将同时到达检测器。但是 X 射线束中的光子在到达终点的路上上下移动的次数远远高于激光，因为 X 射线束的光子有更多的能量。这种情况有点像一个精力充沛的小孩和他不那么精力充沛的爷爷一起散步，小孩可能会在不超过爷爷的情况下消耗更多的能量在路上跳来跳去。电磁波中光子的能量越多，波的频率就越高，并且由于它行进的总距离相同，所以波长更短。用一句话来说，更高频率的光需要更高能量的光子并对应于更短的波长。

5.2 怎么产生 X 射线

产生 X 射线的最简单方法是用加速后的电子撞击金属靶，这种原理通常用于实验室 X 射线衍射仪。撞击过程中会产生如图 5-2 所示的两种辐射[1]。第一种为高速电子轰击金属靶而骤然减速时产生的韧致辐射（bremsstrahlung）[2]。这是因为电子接近原子核时与原子核的库仑场相互作用，使电子的运动方向发生偏转，并急剧减速，能量转化成辐射的形式，其损失的动能会以光子形式放出，形成 X 射线光谱的连续部分。电子的速度越快，产生的韧致辐射的能量越高。第二种为内层电子跃迁产生的特征辐射（characteristic radiation）[3]。通过加速的电子除了上述的方向发生偏转外，还有可能将金属原子的内层电子撞出，撞出后其内层形成空穴，这时外层电子跃迁回内层填补空穴，同时放出波长在 0.1nm 左右的光子。由于外层电子跃迁放出的能量是量子化的，所以放出的光子的波长也集中在某些部分，即形成了 X 光谱中的特征线，因此称为特征辐射。在同样速度和数目的电子轰击下，原子序数 Z 不同的各种物质做成的靶，所辐射 X 射线的光子总数或光子总能量是不同的，光子的总能量近乎与原子序数 Z 的三次方成正比。常见的靶有铜靶、钼靶、钯靶、钨靶等，钨的原子序数为 74，铜的原子序数为 29，因此，相同速度和数目的电子轰击钨靶产生的 X 射线的能量

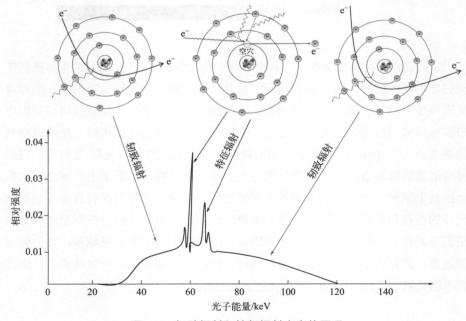

图 5-2 韧致辐射和特征辐射产生的原理

高于轰击铜靶产生的 X 射线的能量[4]。

如图 5-3 所示，原子的外层电子处于不同的能级轨道，越靠近原子核的能级轨道中的核外电子能量越高。随着加速电子能量的增加，就存在撞飞各种能级轨道上电子的可能性，从而会产生多种特征辐射（图 5-4），而适合于晶体学研

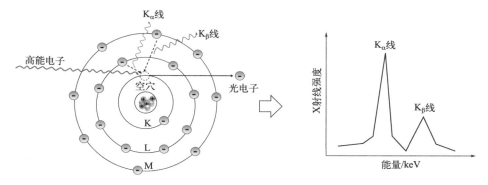

图 5-3　X 射线产生的原理

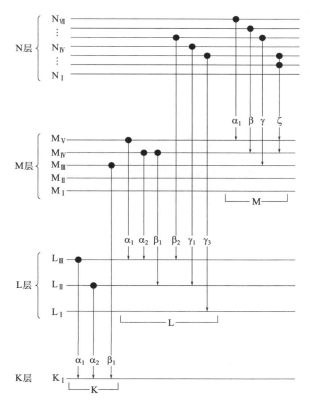

图 5-4　核外电子跃迁与 X 特征射线示意图

究的主要是 K_α 和 K_β 特征辐射。K_α 特征辐射为核外电子中 L 层中的电子向 K 层跃迁时产生的特征辐射，L 层主要是 L_{III} 和 L_{II} 层的电子向 K 层跃迁，从而产生 $K_{\alpha1}$ 和 $K_{\alpha2}$ 两种特征辐射。K_β 特征辐射为核外 M_{III} 层轨道中的电子向 K 层跃迁时产生的特征辐射[5]。

所有材料都会吸收 X 射线，一般来说，这种吸收随着 X 射线能量的增加而迅速降低。在给定的波长下，较重元素的质量吸收系数高于轻元素。这也为 X 射线在医学中的应用奠定了基础。在伦琴发现 X 射线的第一张照片中（图 5-5），可以清晰地看到其骨骼和戒指的轮廓。这是因为身体中其他组织的组成元素主要为 C、O、N、H 等较轻的元素，对 X 射线的吸收系数较小，而骨骼中含有较重的磷元素和钙元素，这就造成了明显的吸收差异，其中最清楚的戒指中含有更重的金元素，其吸收更多。与软、低能量 X 射线相比，较硬的高能 X 射线具有更强的穿透力，但是被照射的材料对这种较硬的高能 X 射线吸收更少，这一事实解释了为什么医学上选择从钨管中发射的能量在 70keV 左右的 X 射线用于影像学。因为其能量高，具有更高的穿透性，而人体由较轻的组成元素（C、N、H、Q、P）组成，这些元素对高能量的 X 射线吸收很少，因此其对人体产生的损伤较小。

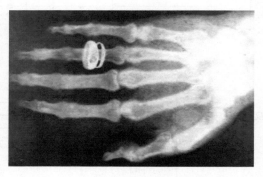

图 5-5　伦琴于 1896 年用 X 射线拍摄的图

5.3　蛋白质晶体学为什么需要 X 射线

光学物理学表明，光只能用于可视化大小大于该特定光一半波长的对象，例如可见光 / 光学显微镜（λ>400nm）只能用于查看大于 200nm 的物体。在分子中原子之间的距离（化学键键长）为 1.5 ～ 2Å（1Å=10^{-10}m），因此用于研究化学分子组成的波长应该低于 4Å。在这个波长范围的"光"只有 X 射线较为合适，其中 0.5 ～ 2nm 的 X 射线因为和晶体中的原子间距（约 1Å）数量级相同（表 5-1），因此这个范围的波长经常用于蛋白质晶体学的研究。

表 5-1　氨基酸中常见的化学键键长

化学键	键长 /Å	化学键	键长 /Å
C—H（sp^3–H）	1.10	C=C（sp^2–sp^2）	1.34
C—C（sp^3–sp^3）	1.54	C—N	1.47
C=O	1.20	N—O	1.36
C—O	1.43	C=N	1.32

5.4　X 衍射的产生

　　X 射线照射单个原子后，原子外层电子吸收 X 射线的能量进入不稳定的高能震荡期，然后很快将这种能量散射（scattering）到各个方向（图 5-6）。单个原子的 X 射线散射能量很小，几乎无法检测。在晶体中，相同的分子通过不同的对称规则排列，同一个原子可以通过对称规则反复出现，最后相同相位的散射之间发生叠加，加强信号值，即 X 射线衍射。当 X 射线遇到蛋白质晶体内部原子的外层电子时，就会被散射，有点像将球扔进水池中，X 射线的电场扰乱了原子核周围的电子云，使它们振动并发出自己的波，这发生在蛋白质晶体内的许许多多个蛋白质分子中。由于蛋白质晶体中相同原子会按照一定的对称规则进行排列，对于每个散射的波，总会在相同的距离处有另一个相同的波重复出现（图 5-7）。这些被散射的波有的完全是异相的波（例如，一个波峰在另一个波谷处），它们会相互抵消，被称为相消干涉（destructive interference）；但有些波

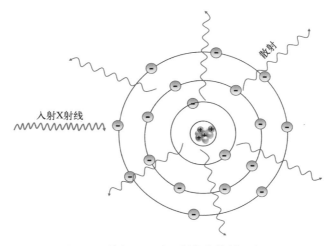

图 5-6　单个原子对 X 射线的散射示意图

会因为相位一样发生叠加而产生一个更强的波，被称为相长干涉（constructive interference），这些通过相互叠加而产生的强波就叫衍射，可以被检测器检测而产生衍射图（图 5-8）[6]。

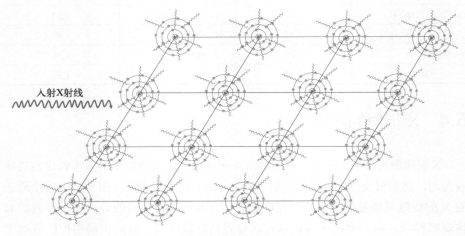

图 5-7　晶体中规则排列的原子对 X 射线的散射

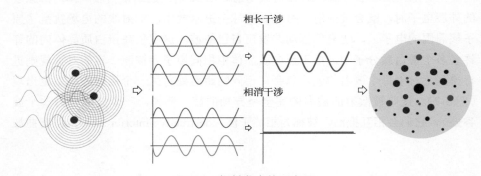

图 5-8　衍射发生的示意图

衍射图是由一组衍射斑点组成的图案，它向我们展示了那些强烈的"衍射"波撞击探测器的位置，然后我们可以从这些斑点开始以数学公式向后计算，以找出散射它们的电子的位置，从而得到电子云密度图。因为电子围绕原子的原子核运行，这样就可以建立一个配到电子云密度图中每个原子中心位置的原子模型，从而可解析出晶体中分子的结构。

5.5　同步辐射光源

目前能产生 X 射线的衍射仪器有实验室级别的 X 射线衍射仪和同步辐射光

源。实验室级别的 X 射线衍射仪由于产生的 X 射线能量较低，所以适合于小分子化合物晶体结构的解析。对于蛋白质晶体需要在较短的时间内完成数据的收集，这就需要更高的能量。目前这种高能量的 X 射线只有同步辐射光源能满足。

同步辐射装置（synchrotron radiation facility）是一种大型装置，面积有 2 ~ 3 个足球场那么大，它可以用于生命科学、材料科学、环境科学、信息科学、凝聚态物理、原子分子物理、团簇物理、化学、医学、药学、地质学等多学科的前沿基础研究。我国目前从事蛋白质晶体学研究的同步辐射光源主要为上海同步辐射光源（SSRF），它于 2009 年开始面向用户开放，属于第三代同步辐射光源[7]。目前已经出现第四代同步辐射光源，如瑞典的 MAX Ⅳ，我国也正在抓紧建造第四代同步辐射光源。

同步辐射光源的构造如图 5-9 所示，同步加速器是一种极其强大的 X 射线源。X 射线是由高能电子在同步加速器内环绕运动时产生的。同步加速器的原理依赖于一种物理现象：当高速移动的电子改变方向时，它会辐射能量；当电子移动得足够快时，辐射的能量形成 X 射线。同步加速器的存在是为了将电子加速到极高的能量，然后使它们周期性地改变方向。由此产生的 X 射线以数十束细光束的形式发射，每一束都指向加速器旁边的光束线站（beamline），用于不同的实验检测[8,9]。

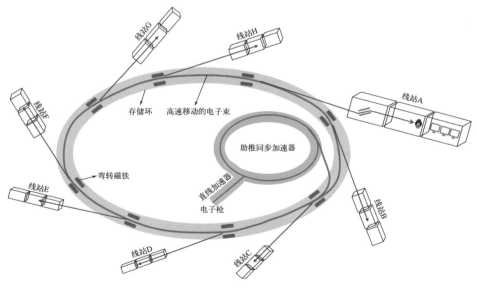

图 5-9　同步辐射光源的构造

同步辐射光源中首先由电子枪产生电子，这种设备类似于旧电视或电脑屏幕中的阴极射线管。产生的电子被打包成"束"，然后通过直线加速器（linac）

加速到 2 亿电子伏特左右，再被注入助推同步加速器（booster synchrotron）中。在助推同步加速器中电子进一步被加速到 60 亿电子伏特左右（6GeV）。助推同步加速器每天只工作几次，持续几分钟，直到存储环（storage ring）被重新装满。每 50ms，它就可以将一束 6GeV 的电子送入存储环中。存储环是一个周长几百米的真空管道（真空度可达 10^{-9}MPa），电子在其中以接近光速的速度旋转。当电子绕环行进穿过不同类型的弯转磁铁（bending magnets）时，受到磁场的作用运动方向发生改变，在此改变的过程中发射出不同能量的光束并被运送到不同的线站进行不同的实验。同步辐射产生的光束是一种连续光谱，在进行实验之前需要根据不同的实验需求，将同步辐射连续光谱加工成特定能量、单色性、光斑尺寸等符合要求的单色光。

参考文献

[1] Vassholz M Salditt T. Observation of electron-induced characteristic X-ray and bremsstrahlung radiation from a waveguide cavity [J]. Sci Adv, 2021, 7: eabd5677.

[2] Nakel W. The elementary process of bremsstrahlung [J]. Physics Reports, 1994, 243: 317-353.

[3] Melia H A, Chantler C T, Smale L, et al. The characteristic radiation of copper Kalpha(1,2,3,4) [J]. Acta Crystallogr A Found Adv, 2019, 75: 527-540.

[4] Deutsch M, Holzer G, Hartwig J, et al. K alpha and K beta X-ray emission spectra of copper [J]. Phys Rev A, 1995, 51: 283-296.

[5] Sogut O, Cengiz E, Ayaz D H, et al. The Kbeta/Kalpha X-ray intensity ratios of Cu and Ag in Cu-Ag thin alloy films [J]. Appl Radiat Isot, 2023, 200: 110957.

[6] Zolotoyabko E. Basic concepts of X-ray diffraction[M]. Weinheim: WILEY VCH, 2014.

[7] Xi Y, Kou B, Sun H, et al. X-ray grating interferometer for biomedical imaging applications at Shanghai Synchrotron Radiation Facility [J]. J Synchrotron Radiat, 2012, 19: 821-826.

[8] Thomlinson W, Berkvens P, Berruyer G, et al. Research at the European Synchrotron Radiation Facility medical beamline [J]. Cell Mol Biol (Noisy-le-grand), 2000, 46: 1053-1063.

[9] Helliwell J R. Synchrotron radiation facilities [J]. Nat Struct Biol, 1998, 5 Suppl: 614-617.

第 6 章

蛋白质晶体几何学基础

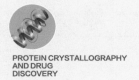

PROTEIN CRYSTALLOGRAPHY
AND DRUG
DISCOVERY

6.1 蛋白质晶系

6.1.1 蛋白质晶体的组成

当蛋白质分子处于过饱和状态时，分子之间就会通过弱相互作用形成晶核，晶核则进一步吸引相同的蛋白质分子到晶核周围而长成晶体，因此蛋白质晶体是由蛋白质分子规则排列而形成的一种物质[1]。

布拉维（Bravais）认为对于任何一种晶体结构抽象出来的空间点阵，都可以看成是由一个能够全面准确体现该点阵几何特征的平行六面体沿三维方向重复堆积而构成的。这个能够全面准确体现空间点阵几何特征的平行六面体的选取必须遵循 4 个基本原则：①所选取的平行六面体的对称性应该符合整个空间点阵的对称性；②在不违反对称的条件下，应选择棱与棱之间的直角关系最多的平行六面体；③在遵循上述两条的前提下，所选的平行六面体体积应该最小；④在对称性规定棱间交角不为直角时，在遵循前三条的前提下，应选择结点间距小的行列作为平行六面体的棱，且棱间交角接近于直角。这个平行六面体就是晶体的晶格（unit lattice），晶格中加入原子或分子就形成了晶胞（unit cell）。蛋白质晶体的空间结构如图 6-1 所示，首先由非对称单元（asymmetric unit，ASU）通过对称排列形成晶胞，而多个晶胞叠加在一起就形成了蛋白质晶体[2]。蛋白质晶体就是一种通过平移周期性的、有限的晶胞组合而成的物质，每个相同的晶胞包含相同数量且相同排列的分子，每个晶胞中包含地分子通过对称性填充在晶胞内[3]。晶胞内的蛋白质分子不一定正好完整地填充在一个晶胞内，可以其中的一半在一个晶胞内，另一半在另一个晶胞内。

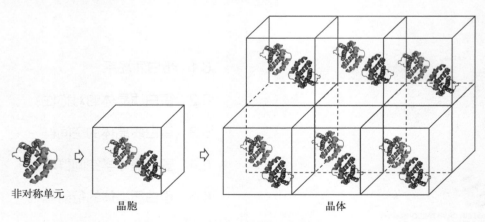

非对称单元　　　晶胞　　　　　　　　　晶体

图 6-1　蛋白质晶体的空间结构示意图

6.1.2 蛋白质晶系类型

晶格的大小和形状由 6 个参数决定，三条边分别为 a、b、c，三条边形成的 3 个夹角分别为 α 角、β 角、γ 角，其中由 a 和 b 形成的夹角为 γ 角，由 a 和 c 形成的夹角为 β 角，由 b 和 c 形成的夹角为 α 角（图 6-2）。晶胞的选取要遵循以下 4 个原则：①符合整个空间点阵的对称性；②晶轴之间相交成的直角最多；③体积最小；④晶轴交角不为直角时，选最短的晶轴，且交角接近直角。这种选取原则下，晶体中的晶胞共有七种晶系（表 6-1），分别为三斜（triclinic）、单斜（monoclinic）、正交（orthorhombic）、三方（trigonal）、六方（hexagonal）、四方（tetragonal）、立方（cubic）。其中三方和六方的差别只在于 c 边大小，因此通常把这两类归为一类。

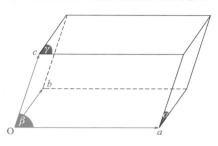

图 6-2　晶体的晶格参数

七大晶系之间可以通过如下操作进行转换（图 6-3 所示）：立方沿着对角方向拉就会得到三方；立方如果沿着 c 方向拉长，就会得到四方；四方再在正方平面扭角至 120°，就会得到六方；四方若在 a 或 b 方向上拉长就会得到正交；正交推一下破坏 β 角就会得到单斜；单斜若扭动破坏剩余的两个直角就会得到三斜。

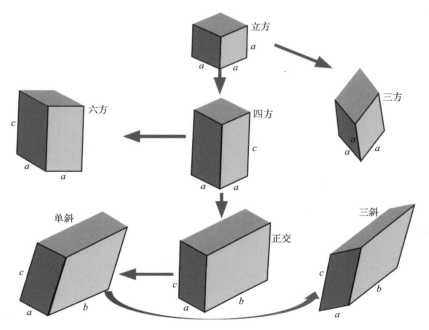

图 6-3　七大晶系间的转换关系

表 6-1 蛋白质晶体的七种晶格类型及其参数

类型（代表字母）	a, b, c	α, β, γ	性质
三斜 （a）	$a \neq b \neq c$	$\alpha \neq \beta \neq \gamma \neq 90°$	
单斜 （m）	$a \neq b \neq c$	$\alpha = \gamma = 90°$ $\beta \neq 90°$	
正交 （o）	$a \neq b \neq c$	$\alpha = \beta = \gamma = 90°$	
三方 （h）	$a = b = c$	$\alpha = \beta = \gamma \neq 90°$	
六方 （h）	$a = b \neq c$	$\alpha = \beta = 90°$ $\gamma = 120°$	

类型（代表字母）	a，b，c	α，β，γ	性质
四方 （t）	$a=b\neq c$	$\alpha=\beta=\gamma=90°$	
立方 （c）	$a=b=c$	$\alpha=\beta=\gamma=90°$	

  非对称单元是蛋白质晶体内的最小单元，通过对其的对称性重复可构建起整个晶体，其也是我们最终解析并上传到 PDB 数据库中的结构。蛋白质晶体就是由无数个非对称单元通过一定的对称规则重复排列形成的，在一个晶胞中，非对称单元的数量越多，说明蛋白质在晶体中的分布越紧密，也意味着蛋白质分子在晶体中的占比越大，溶剂的占比就越小，这样的晶体往往具有较高的分辨率。在知道对称性和蛋白质分子量的前提下，可以通过计算马修斯系数（Matthews coefficient）来预测非对称单元的数量和溶剂的占比。

  马修斯系数也称为马修斯体积，用 V_m 表示，计算公式见式（6-1）。

$$V_m = \frac{V_c/z}{MW} \tag{6-1}$$

  式中，V_c 为晶胞的体积（$a\times b\times c$）；z 为晶胞中非对称单元的数量（可以根据空间群确定）；MW 为蛋白质的分子量，D。

  当知道马修斯系数之后，可以根据公式（6-2）计算出非对称单元中蛋白质的含量 $x(p)$。那么溶剂的含量 $x(s)$ 为 $1-x(p)$。

$$x(p) = \frac{1.66\times\bar{v}}{V_m} = \frac{1.23}{V_m} \tag{6-2}$$

  式中，$\bar{v}$ 为蛋白质的偏微比容，为一常数，值为 0.74cm³/g。

  例如蛋白质晶体的空间群为 P2$_1$2$_1$2$_1$，晶胞参数 $a=71.18$Å，$b=79.38$Å，

$c = 93.81\text{Å}$，$z = 4$，蛋白质分子量为 26kD。则，$V_m = [(71.18 \times 79.38 \times 93.81) \div 4]/26000 = 5.09\text{Å}^3/\text{D}$，$x(p) = 1.23/5.09 = 0.2417$，即非对称单元中蛋白质的占比为 24.17%，那么溶剂的占比 $x(s)$ 即为 75.83%。但是这个溶剂含量接近了溶剂含量的上限（非对称单元中溶剂含量的范围为 25%～80%），因此非对称单元可能不止含有一个分子，这就是马修斯概率（Matthews probabilities），即根据计算出的溶剂比例和溶剂含量的范围来推算出非对称单元中的分子数（COPY 数）[4]。上述例子中非对称单元中含有一个分子时的溶剂含量为 75.83%，接近了溶剂含量的上限。而当非对称单元中含有两个分子时，分子量就为 52kD，$V_m = 2.55\text{Å}^3/\text{D}$，那么溶剂的占比 $x(s)$ 为 51.7%，这种可能性更高。马修斯概率具体计算还需要考虑数据的分辨率，xTriage、CCP4、Phenix 等软件中都具有计算马修斯概率的方法。但是这种计算结果只是一种基于经验的估算，有时候还需要借助生物实验或帕特森图（Patterson map）来确认。

很多人会认为非对称单元应该是单个蛋白质分子，其实并不一定。PDB 数据库中的蛋白质结构有单聚体（monomer）、二聚体（dimer）、三聚体（trimer）、四聚体（tetramer）及多聚体，可见非对称单元并不是单个蛋白质分子。这里一定要区分好非晶体对称（non-crystallographic symmetry，NCS）[5] 和晶体对称（crystallographic symmetry）两个概念。晶体的对称性将在 6.2 小节中详细讲解，非晶体对称指的就是当非对称单元内包含不止一个分子时存在的一种对称性。如图 6-4 所示，蛋白质分子 A 和 B 组成的二聚体为一个非对称单元，C 和 D 组成的二聚体则为 A 和 B 组成的二聚体旋转 180°之后的重现，因此 AB 与 CD 之间的对称属于晶体对称，而 A 和 B 虽然形成二聚体，但是它们之间存在沿着虚线的局部对称，称之为非晶体对称。非晶体对称是一种在蛋白质晶体中常见的现象，PDB 中近一半的结构是二聚体结构或较高分子呈低聚状态的结构。

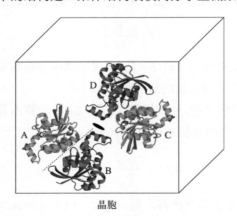

晶胞

图 6-4　蛋白质晶体中的非晶体对称（----）和晶体对称（●）

图 6-5 更形象地说明了非晶体对称和晶体对称之间的区别。晶体对称是存在于整个晶体中的一种精确的对称关系，每个对称分子都必须是一样的，因此它是一种全局对称（global）。而非晶体对称则是一种局部的非对称单元内的对称关系，即使存在这种对称关系，其结构也经常存在不同，因此这种对称性是局部的（local），而且不是特别精确。非晶体学对称操作有时候有别于晶体学对称操作，如 PDB 数据库中经常存在五聚体，但是蛋白质晶体对称不存在 5 倍旋转对称（见"6.2 蛋白质晶体的对称性"）。这种非晶体对称在解析蛋白质结构的时候，对于提高数据优化的结果有所帮助，相关内容将在第 8 章进行介绍。

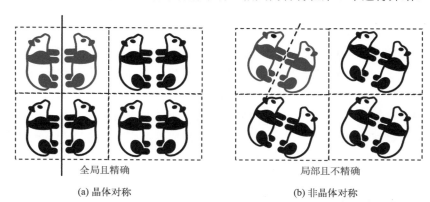

全局且精确　　　　　　　　　　　局部且不精确

(a) 晶体对称　　　　　　　　　　　(b) 非晶体对称

图 6-5　蛋白质晶体中晶体对称和非晶体对称的示意图

[每只熊猫表示一个蛋白质分子，图（a）中的熊猫是一种属于 2 倍旋转的晶体对称，每只熊猫完全一样，而图（b）的对称属于非晶体对称，这种对称只存在于非对称单元，且对称的两只熊猫可以在局部存在一定的差异性]

6.2　蛋白质晶体的对称性

蛋白质晶体是由无数个非对称单元通过对称性重复操作堆积而成的空间结构，因此了解晶体的对称性对蛋白质晶体学非常重要，尤其在减少解析数据的工作量上，如对于一个 4 倍（90°旋转对称）旋转对称的蛋白质晶体结构，如果不考虑对称因素，就需要解析四个结构，但是考虑对称性之后，则只需解析和优化其中的一个结构即可。

简单来说，对称操作就是保持对象不变的一种运动，即通过某种运动（旋转、平移）在其他地方重复出现和初始分子一模一样的分子，而这种运动是一种有规律的运动，这种规律就是晶体的对称性。如图 6-6 所示，常见的对称方式包括镜面对称（mirror）、倒置对称（inversion）、旋转对称（rotation）等三种方式。

镜面对称   倒置对称   旋转对称

图 6-6 常见的对称性操作

（镜面对称和倒置对称只存在于不具有手性的分子中）

  晶体中的对称性具有限制性，首先，晶体通过对称操作不能在空间上出现缺口，必须填满。这种限制导致旋转对称只能有 180°（2 倍）、120°（3 倍）、90°（4 倍）、60°（6 倍）对称，不能有 5 倍对称（72°），因为这种操作会导致晶体中出现空隙（图 6-7）。其次，氨基酸的手性导致蛋白质也具有手性。与手性分子形成镜面对称的分子为其对映异构体，而不是手性分子本身。组成蛋白质的天然氨基酸以 L-型为主，而与其能够形成镜面对称的是其 D-型异构体，而不是其本身。同样，与 L-型氨基酸形成倒置对称的也是其 D-型异构体，而不是其本身（图 6-8）。因此蛋白质晶体中不存在镜面对称和倒置对称，而主要以旋转对称和螺旋轴对称为主。

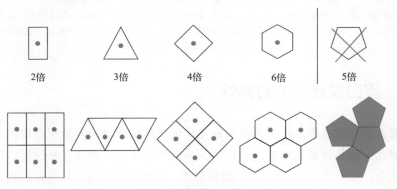

2倍   3倍   4倍   6倍   5倍

图 6-7 蛋白质晶体中存在的旋转对称方式

（其中存在 2 倍、3 倍、4 倍和 6 倍等四种旋转对称，因为 5 倍旋转对称会产生空隙，因此不存在）

  在生活中也存在多种这样的旋转对称，如图 6-9 所示，存在 2 倍旋转对称的八卦图，3 倍旋转对称的回旋镖，4 倍旋转对称的风车，6 倍旋转对称的六边形，以及 5 倍旋转对称的汽车轮毂。在实际的蛋白质晶体中，旋转对称如图 6-10 所示，2 倍旋转对称就是让蛋白质分子通过逆时针旋转 180°得到一个一模一样的蛋白质分子而形成的对称，这种对称一般用 ⬮ 表示。3 倍旋转对称就是通过逆时

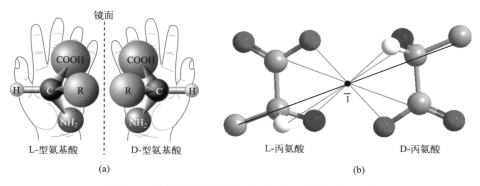

图 6-8　手性分子的镜面对称（a）和倒置对称（b）

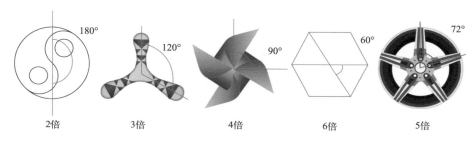

图 6-9　生活中的旋转对称现象

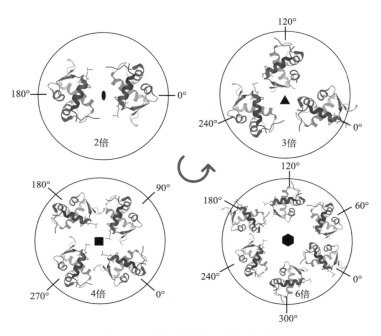

图 6-10　蛋白质晶体中的旋转对称

针旋转 120°重现一个蛋白质分子，再旋转 120°再重现一个蛋白质分子，这种对称一般用▲表示。4 倍旋转对称就是将原点的分子通过 4 次 90°旋转重现 4 个等同的蛋白质分子，这种对称一般用■表示。6 倍旋转对称就是将原点的分子通过 6 次 60°旋转重现 6 个等同的蛋白质分子，这种对称一般用●表示。

　　蛋白质晶体中还有一种特殊的对称元素为螺旋轴（screw），它是一种旋转（rotation）和平移（translation）相结合的复合对称方式[6]。图 6-11 中的 α 螺旋结构 a 和 b 就属于螺旋轴对称，首先分子 a 向右翻转 180°，然后又向上平移了一定的距离产生了相同的重现分子，这种对称方式为蛋白质晶体的主要对称方式。蛋白质晶体中存在的螺旋轴对称方式如表 6-2 所示，所有的螺旋轴对称都是旋转对称和平移相结合的。

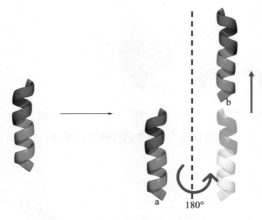

图 6-11　螺旋轴对称示意图

表 6-2　蛋白质晶体中旋转对称和螺旋轴对称的方式

旋转对称操作（N）		螺旋轴对称（N_s）	
two-fold	⬮　2	⬮	2_1
three-fold	▲　3	▲　▲	3_1，3_2
four-fold	■　4	⬛　⬛　⬛	4_1，4_2，4_3
six-fold	⬡　6	⬡　⬡　⬡　⬡　⬡	6_1，6_2，6_3，6_4，6_5

　　螺旋轴对称方式一般用 N_s 表示，N 表示旋转对称的倍数，可为 2、3、4、6，表示旋转 360° /N，如 2 倍旋转对称操作中旋转了 180°。s 表示沿着晶胞 $a/b/c$ 轴发生了 s/N 的平移，s 的值从 1 到 $N-1$。图 6-12 显示了 2_1、3_1、4_1、6_1 四种方式的螺旋轴对称，每个红点表示一个蛋白质分子，2_1 表示旋转 180°并沿着 b 轴平移 1/2 b 后重现一个分子，然后再旋转 180°并沿着 b 轴平移 1/2 b 后重现一个分子。

3_1 表示每旋转 120°并沿着 c 轴平移 1/3 c 后重现一个分子。4_1 表示每旋转 90°并沿着 c 轴平移 1/4 c 后重现一个分子。6_1 表示每旋转 60°并沿着 c 轴平移 1/6 c 后重现一个分子。由此可见 N_s 中 N 越大，说明晶胞内非对称单元的数量越多，对称性越高，溶剂含量越低，分辨率越高。

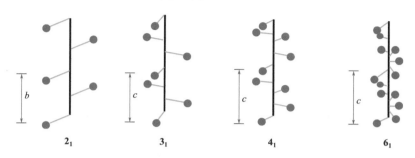

图 6-12　四种螺旋轴对称的示意图

（红点表示蛋白质分子，每旋转 360°/N，再发生 s/N 的平移后重现初始分子）

6.3　蛋白质晶体的空间群

所谓的空间群（space group）就是晶体中全部对称要素的组合，只有知道了晶体的空间群才能知道蛋白质分子在晶胞内的分布情况。空间群的确定是晶体结构解析过程中的关键步骤，空间群包含的对称关系可以根据晶体在衍射图中的对称关系来确定，这将在第 7 章中进行讲解。

晶格是晶体中的最小重复单位，完整反映了晶体结构中对称性分子的排列规律。对于每一类晶格，考虑到平行六面体选取原则，可能会出现四种情况（图 6-13）。

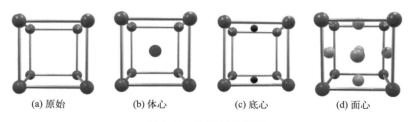

图 6-13　四种晶格类型

（1）原始（primitive，P）　格点仅在晶格的 8 个角，而每个点被 8 个晶格均分，所以每个简单晶格含有的格点数为 1（8×1/8）。

（2）体心（body-centered，I）　格点除了在晶格的 8 个角外，在晶格中心有一个额外的格点。晶格中心的格点为晶格所独有，所以每个体心晶格含有的格点数为 2（8×1/8+1）。

（3）底心（base-centered，C）格点除了在晶格的 8 个角外，在前后或左右或上下面的中心有一个额外的格点。平面中心的格点被 2 个晶格均分，所以每个底心晶格含有的格点数为 2（8×1/8+2×1/2）。

（4）面心（face-centered，F）格点除了在晶格的 8 个角外，在晶格每个面的中心都有一个额外的格点，所以每个面心晶格含有的格点数为 4（8×1/8+6×1/2）。

对应于 7 大晶系，考虑原始、体心、面心和底心的存在，应该有 28 种晶格。但是经布拉维父子计算，有的晶格不满足对称性要求，有的则不符合选择原则。去掉了这些不符合要求的格子后，共有 14 种不同形式的晶格。这就是通常所说的 14 种布拉维格子（Bravais lattice）（表 6-3）[7]。

点群（point group）是一种在三维空间中对布拉维格子对称性的数学表示形式，晶体总共有 32 种点群表示方式，但是蛋白质晶体因为存在手性，只有 11 种点群表示方式（表 6-4）。

表 6-3　14 种布拉维格子

晶系	14 种布拉维格子			
	原始（P）	底心（C）	体心（I）	面心（F）
三斜（a）	aP			
单斜（m）	mP	mC		
正交（o）	oP	oC	oI	oF

晶系	14 种布拉维格子			
	原始（P）	底心（C）	体心（I）	面心（F）
三方（t）	tP		tI	
六方（h） — 三方（h）	hR			
六方（h） — 六方	hP			
立方（c）	cP		cI	cF

七大晶系中，14 种布拉维格子加上晶体的对称性可以产生 230 种空间群，具体可以参考在线版的 Crystallographic Space Group Diagrams and Tables（http://img.chem.ucl.ac.uk/sgp/mainmenu.htm）。但是蛋白质因为手性，只存在 65 种手性空间群（表 6-4）。65 种空间群也就是在解析蛋白质结构时首先需要解决的问题，空间群的准确与否对解析结构的影响非常大，当空间群不准确时会导致解析出的结构的 R 值很高，这将在第 8 章中重点讨论。对于没有学过晶体学这门课的研究者来说搞清楚空间群的空间结构是非常困难的事情，因此需要在这方面花

表 6-4　蛋白质晶体的空间群类型

晶系		点群	布拉维类型	布拉维格子	空间群
三斜（a）		1	P	aP	$P1$
单斜（m）		2	P	mP	$P2, P2_1$
			C	mC	$C2$
正交（o）		222	P	oP	$P222, P222_1, P2_12_12, P2_12_12_1$
			I	oI	$I222, I2_12_12_1$
			C	oC	$C222_1, C222$
			F	oF	$F222$
三方（t）		4	P	tP	$P4, P4_1, P4_2, P4_3$
			I	tI	$I4, I4_1$
		422	P	tP	$P422, P42_12, P4_122, P4_12_12,$ $P4_222, P4_22_12, P4_322, P4_32_12$
			I	tI	$I422, I4_122$
六方（h）	三方	3	P	hP	$P3, P3_1, P3_2$
			R	hR	$R3$
		32	P	hP	$P312, P321, P3_112, P3_121, P3_212,$ $P3_221$
			R	hR	$R32$
	六方	6	P	hP	$P6, P6_1, P6_5, P6_2, P6_4, P6_3$
		622	P	hP	$P622, P6_122, P6_522, P6_222,$ $P6_422, P6_322$
立方（c）		23	P	cP	$P23, P2_13$
			I	cI	$I23, I2_13$
			F	cF	$F23$
		432	P	cP	$P432, P4_232, P4_332, P4_132$
			I	cI	$I432, I4_132$
			F	cF	$F432, F4_132$

费更多的精力去学习晶体学的对称。不过，研究者可以借助软件 Coot 来查看自己所解析蛋白质的空间群排列，Coot 软件中 Draw 下面有 Cell & Symmetry 工具，可以在页面上显示晶胞及里面的内容，可以通过调整 Symmetry Atom Display Radius 的值来显示更多的对称分子。如图 6-14 所示为 Ldt_{Mt2} 蛋白（PDB: 4huc）结构的晶胞，该结构的空间群为 $I2_12_12_1$，从中可以看到明显的 2_1 对称。

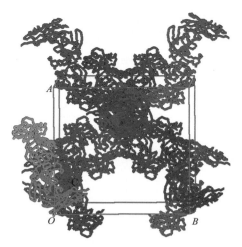

图 6-14　Ldt$_{Mt2}$ 蛋白（PDB: 4huc）结构的晶胞，空间群为 I2$_1$2$_1$2$_1$

（图中 O，A，B，C 为晶胞的顶点）

6.4　国际晶体学空间群表

6.4.1　对称操作方向

国际晶体学空间群表（INTERNATIONAL TABLES FOR CRYSTALLOGRAPHY，ITC）是国际上统一描述 230 种空间群的数学表述方式[8]。这种表述方式因为把三维的信息融合在了二维的表示图中，因此较难理解。但是对其的理解有助于了解蛋白质分子在晶胞中的分布，对后期结构解析也有很大帮助。本书就以较为常见的空间群表示图为例简单讲解如何理解国际晶体学空间群表。

国际晶体学空间群表以正方形、长方形、菱形和平行四边形的形式来表示七种晶系，其意义为从 a、b、c 中选取一个方向来观察晶胞，观察到的面即为一个二维平面。针对不同的晶系，空间群符号中三个位置代表的方向有所不同，如表 6-5 所示。单斜晶系的空间群符号中的数字部分是指在 b 轴方向上进行的相应操作；而正交晶系的空间群符号中的数字部分分别是指在 a、b 和 c 轴方向上进行的相应操作；对于三方晶系和六方晶系而言，其第一个位置代表特征对称元素的方向为 c 方向，第二个位置代表 a 方向，第三个位置代表 2a+b 方向。

6.4.2　空间群 P1

国际空间群表不仅介绍了空间群符号的缩写和完整符号，如图 6-15 所示的空间群缩写和完整符号均为 P1，并且给出了唯一的编号 1。中间符号指定了空

表 6-5　七种晶系空间群国际符号中三个位置代表的方向

晶系	位置代表的方向		
三斜			
单斜	b		
正交	a	b	c
四方	c	a	[110]
三方	c	a	[210]
六方	c	a	[210]
立方	a	[111]	[110]

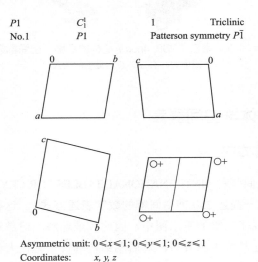

$P1$　　　　　　C_1^1　　　　　　1　　　　Triclinic
No.1　　　　　$P1$　　　　　　Patterson symmetry $P\bar{1}$

Asymmetric unit: $0 \leqslant x \leqslant 1$; $0 \leqslant y \leqslant 1$; $0 \leqslant z \leqslant 1$
Coordinates:　　　x, y, z

图 6-15　国际表中空间群 $P1$ 的描述

间群所属的晶体类。右边还介绍了空间群所属晶系，对于 $P1$ 空间群而言，它属于三斜晶系。下方存在四个图表，其中三个是对称元素分布图，区别是投影平面的不同，最重要的是左上角的图表，它显示了标准投影。最后一个是一般等效点位置图，我们可以从一个圆圈（表示客体）开始，借助空间群的对称操作来生成各个等效点。圆圈是一般等效点，只需要满足的条件是该坐标位于一般位置（即不处于对称元素的位置）。正号表示的是圆圈位于投影平面上方的位置，负号则是位于下方。等效点系是由对称性相关联的等效的一组点，其从原子排列的方式表达了晶体结构的对称性，对于学习晶体结构很有意义。国际表还给出了非对称单元的取值范围以及对称操作后的坐标位置。

　　$P1$ 空间群属于三斜晶系，对称性是最低的，只存在沿着 3 个晶轴方向平移的对称性，所以一般位置图中的 4 个圆圈位置是等效的。在一个晶胞中只存在一个圆圈，即一个蛋白质分子，也就是说这个晶胞还是非对称单元，非对称单元的空间区域就是晶胞的取值范围，即 $0 \leqslant x \leqslant 1$；$0 \leqslant y \leqslant 1$；$0 \leqslant z \leqslant 1$。一般位置坐标 (x, y, z) 进行对称操作后得到的坐标还是 (x, y, z)。

6.4.3 空间群 $P2_1$

如图 6-16 所示，$P2_1$ 空间群属于单斜晶系，$P2_1$ 是一种简化的符号，完整符号表示为 $P1\ 2_1\ 1$，三个数字分别分配到 a、b 和 c 轴上，在 b 轴方向上存在 2 重螺旋轴，这是因为单斜晶系的参数要求是 $\beta \neq 90°$，所以 b 轴是特殊的。标准投影显示的是在 ac 平面上的投影。一般位置坐标 (x, y, z) 绕着 y 轴（晶体学轴 a，b，c 对应于坐标轴 x, y, z）旋转 $180°$ 后再沿着 y 轴平移 $\frac{1}{2}$ 单位长度即可完成对称操作。坐标变化为 $(x, y, z) \rightarrow (\bar{x}, y, \bar{z}) \rightarrow (\bar{x}, y + \frac{1}{2}, \bar{z})$，得到蓝色箭头所指的蓝色圆圈（图 6-17）。需要注意的是，各蓝色圆圈的位置等效，各红色圆圈的位置也等效，而且晶胞坐标系中不允许存在超过 1 的坐标，如有，则使之在 $0 \sim 1$ 的范围。在同一个晶胞中存在 2 份等同的分子，也就是含有 2 个非对称单元，非对称单元的取值范围是 $0 \leqslant x \leqslant 1$；$0 \leqslant y \leqslant 1$；$0 \leqslant z \leqslant \frac{1}{2}$。

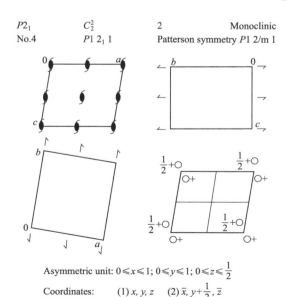

图 6-16　国际表中空间群 $P2_1$ 的描述

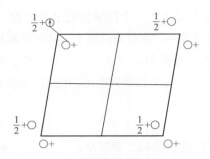

图 6-17　空间群 $P2_1$ 一般等效点位置

6.4.4　空间群 $C2$

如图 6-18 所示，$C2$ 空间群属于单斜晶系，$C2$ 是一种简化的表达符号，完整符号表示为 $C1\ 2\ 1$，三个数字分别分配到 a、b 和 c 轴上，在 b 轴方向上存在 2 重旋转轴。一般位置坐标 (x, y, z) 绕着 y 轴旋转 180° 即可完成对称操作。坐标变化为 $(x, y, z) \rightarrow (\bar{x}, y, \bar{z})$，得到蓝色箭头所指的蓝色圆圈（图 6-19），各蓝色圆圈位置等效，各黑色圆圈位置也等效。剩余的紫色圆圈坐标和绿色圆圈坐

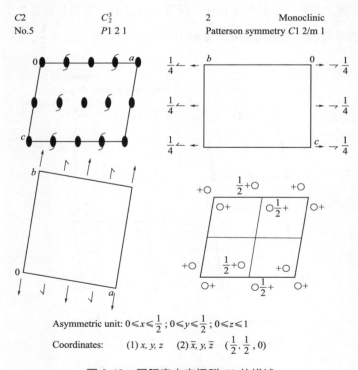

图 6-18　国际表中空间群 $C2$ 的描述

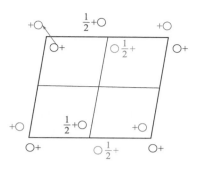

图 6-19　空间群 $C2$ 一般等效点位置图

标可借助标准投影图操作得出（具体过程参考 6.4.8），这个空间群还存在特定底心（$\frac{1}{2}$，$\frac{1}{2}$，0）的平移操作。在同一个晶胞中存在 4 份等同的分子，也就是含有 4 个非对称单元，非对称单元取值范围为 $0 \leqslant x \leqslant \frac{1}{2}$；$0 \leqslant y \leqslant \frac{1}{2}$；$0 \leqslant z \leqslant 1$。

6.4.5　空间群 $P2_12_12$

如图 6-20 所示，因为 $P2_12_12$ 空间群属于正交晶系，而正交晶系的对称操作方向是 a、b 和 c 轴，所以，a 轴和 b 轴都是 2 重螺旋轴，而 c 轴则是普通的 2 重旋转轴。我们取任意一个一般坐标（x, y, z）绕 z 轴旋转 180° 后，z 值不变，x 和 y 值变为相反数，即 $\bar{x}$ 和 $\bar{y}$，坐标变为（$\bar{x}, \bar{y}, z$），得到蓝色箭头所指的蓝色圆圈（图 6-21），又根据晶胞的平移性，各蓝色圆圈处坐标等效。而在 x 轴和 y 轴上的 2 重螺旋轴操作需要进行整体把握，即绕着轴旋转 180° 并再沿着 x 轴方向前进 $\frac{1}{2}$ 单位长度后，还需要考虑 y 轴方向上的操作，也需要前进 $\frac{1}{2}$ 单位长度。坐标变化为（x, y, z）→（$x, \bar{y}, \bar{z}$）→（$x + \frac{1}{2}$，$\bar{y}, \bar{z}$）→（$x + \frac{1}{2}$，$\bar{y} + \frac{1}{2}$，$\bar{z}$），得到红色箭头所指的红色圆圈。同理，绕着 y 轴进行相应操作后还需要沿着 x 轴前进 $\frac{1}{2}$ 单位长度，坐标变化为（x, y, z）→（$\bar{x}, y, \bar{z}$）→（$\bar{x}, y + \frac{1}{2}$，$\bar{z}$）→（$\bar{x} + \frac{1}{2}$，$y + \frac{1}{2}$，$\bar{z}$），得到绿色箭头所指的绿色圆圈。

在同一个晶胞中，包含 4 个圆圈，即含有 4 份等同的分子，也就是含有 4 个非对称单元，每个非对称单元占据这个晶胞的 $\frac{1}{4}$，以坐标（x, y, z）所在的非对称单元为例，该非对称单元的封闭取值空间为 $0 \leqslant x \leqslant \frac{1}{2}$；$0 \leqslant y \leqslant \frac{1}{2}$；

$0 \leqslant z \leqslant 1$。需要注意的是，各黑色圆圈处的位置也是等效的，而红色圆圈和绿色圆圈的等效圆圈因为距离较远所以在一般位置图中没有进行绘制。

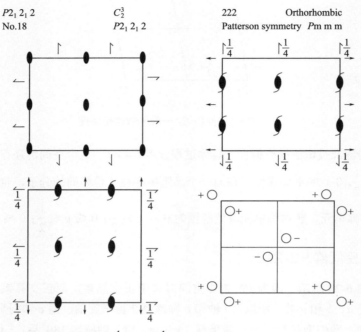

$P2_1 2_1 2$ C_2^3 222   Orthorhombic

No.18 $P2_1 2_1 2$ Patterson symmetry $Pm\,m\,m$

Asymmetric unit: $0 \leqslant x \leqslant \frac{1}{2}$; $0 \leqslant y \leqslant \frac{1}{2}$; $0 \leqslant z \leqslant 1$

Coordinates: (1) x, y, z (2) $\bar{x}, \bar{y}, z$ (3) $\bar{x}+\frac{1}{2}, y+\frac{1}{2}, \bar{z}$ (4) $x+\frac{1}{2}, \bar{y}+\frac{1}{2}, \bar{z}$

图 6-20   国际表中空间群 $P2_1 2_1 2$ 的描述

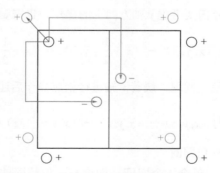

图 6-21   空间群 $P2_1 2_1 2$ 一般等效点位置图

6.4.6 空间群 $P2_1 2_1 2_1$

如图 6-22 所示，$P2_1 2_1 2_1$ 空间群也属于正交晶系，所以，a 轴、b 轴和 c 轴都是 2 重螺旋轴。但是需要特别注意的是，并非任何一个方向上的螺旋轴操作都同时伴随着另外两个方向上的前进，而是只有其中一个方向上的前进。例如，一般坐标（x, y, z）绕着 x 轴旋转 $180°$ 并前进 $\frac{1}{2}$ 单位长度后，还同时伴随着沿 y 轴的前进，坐标变化为（x, y, z）→（$x, \bar{y}, \bar{z}$）→（$x+\frac{1}{2}, \bar{y}, \bar{z}$）→（$x+\frac{1}{2}, \bar{y}+\frac{1}{2}, \bar{z}$），得到红色箭头所指的红色圆圈（图 6-23）。而绕着 y 轴旋转 $180°$ 并前进 $\frac{1}{2}$ 单位长度后，还同时伴随着沿 z 轴的前进，坐标变化为（x, y, z）→（$\bar{x}, y, \bar{z}$）→（$\bar{x}, y+\frac{1}{2}, \bar{z}$）→（$\bar{x}, \bar{y}+\frac{1}{2}, \bar{z}+\frac{1}{2}$），得到绿色箭头所指的绿色圆圈，而且 2 个绿色圆圈的位置等效。而绕着 z 轴旋转 $180°$ 并前进 $\frac{1}{2}$ 单位长度后，还同时伴随着沿轴的前进，坐标变化为（x, y, z）→（$\bar{x}, \bar{y}, z$）→（$\bar{x}, \bar{y}, z+\frac{1}{2}$）→（$\bar{x}+\frac{1}{2}, \bar{y}, z+\frac{1}{2}$），得到蓝色箭头

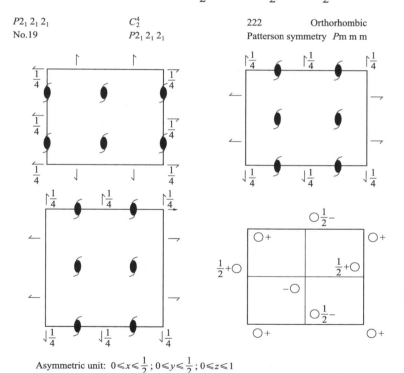

图 6-22　国际表中空间群 $P2_1 2_1 2_1$ 的描述

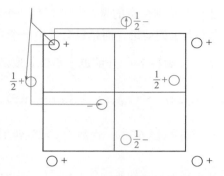

图 6-23　空间群 $P2_12_12_1$ 一般等效点位置图

所指的蓝色圆圈，2 个蓝色圆圈的位置也是等效的。

在同一个晶胞中包含 4 个圆圈，即含有 4 个非对称单元，以坐标 (x, y, z) 所在的非对称单元为例，该非对称单元的封闭取值空间为 $0 \leqslant x \leqslant \frac{1}{2}$；$0 \leqslant y \leqslant \frac{1}{2}$；$0 \leqslant z \leqslant 1$。需要注意的是，各黑色圆圈处的位置也是等效的，而红色圆圈的等效圆圈因为距离较远所以在一般位置图中没有进行绘制。

6.4.7　空间群 $C22\,2_1$

对于图 6-24 所示的 $C2\,2\,2_1$ 空间群，我们不能简单地去理解它的字面意思。因为如果 a 轴和 b 轴都是普通的 2 重旋转轴的话，那么 c 轴必然也是 2 重旋转轴，而非 2 重螺旋轴。以坐标 $(1, 1, 1)$ 为例，在绕着轴旋转 180° 后，坐标变为 $(1, -1, -1)$，再绕着 y 轴旋转 180° 后，坐标变为 $(-1, -1, 1)$，而这个坐标和初始坐标 $(1, 1, 1)$ 绕着 z 轴旋转 180° 的结果是一致的。因此在 a 和 b 方向上必定有一个旋转轴要伴随着沿 c 轴前进 $\frac{1}{2}$ 单位长度的操作，在这里设定了绕 b 轴的旋转伴随着沿 c 轴的前进。因为空间群 $C2\,2\,2_1$ 也属于正交晶系，所以在 x 轴方向的操作是绕着 x 轴旋转 180°，坐标变化为 $(x, y, z) \rightarrow (x, \bar{y}, \bar{z})$，得到红色箭头所指的红色圆圈（图 6-25），各红色圆圈位置等效；在 y 轴方向的操作是绕着 y 轴旋转 180° 后再沿着 z 轴前进 $\frac{1}{2}$ 单位长度，坐标变化为 $(x, y, z) \rightarrow (\bar{x}, y, \bar{z}) \rightarrow (\bar{x}, y, \bar{z} + \frac{1}{2})$，得到绿色箭头所指的绿色圆圈，各绿色圆圈位置等效；在 z 轴方向的操作是绕着 z 轴旋转 180° 后再沿着 z 轴前进 $\frac{1}{2}$ 单位长度，坐标变化为 $(x, y, z) \rightarrow (\bar{x}, \bar{y}, z) \rightarrow (\bar{x}, \bar{y}, z + \frac{1}{2})$，得到蓝色箭头所指的蓝色圆圈，各蓝色圆圈位置等效；

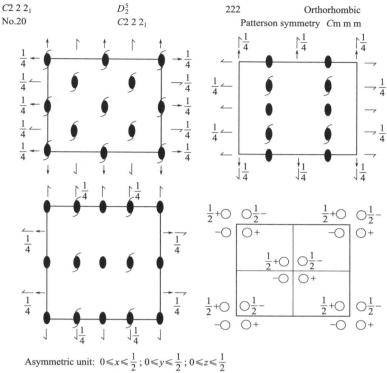

Asymmetric unit: $0 \leqslant x \leqslant \frac{1}{2}$; $0 \leqslant y \leqslant \frac{1}{2}$; $0 \leqslant z \leqslant \frac{1}{2}$

Coordinates: (1) x, y, z (2) $\bar{x}, \bar{y}, z+\frac{1}{2}$ (3) $x, \bar{y}, \bar{z}$ (4) $\bar{x}, y, \bar{z}+\frac{1}{2}$ ($\frac{1}{2}, \frac{1}{2}, 0$)

图 6-24   国际表中空间群 $C2\,2\,2_1$ 的描述

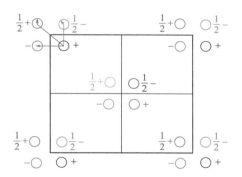

图 6-25   空间群 $C2\,2\,2_1$ 一般等效点位置图

各黑色圆圈的位置也是等效的；剩余的圆圈可分别借助其他已知位置并经过在轴方向上的 2_1 轴操作得出（具体过程参考 6.4.8）。

在同一个晶胞中存在 8 份等同的分子，也就是含有 8 个非对称单元，非对

称单元取值范围为 $0 \leqslant x \leqslant \frac{1}{2}$；$0 \leqslant y \leqslant \frac{1}{2}$；$0 \leqslant z \leqslant \frac{1}{2}$。当然，这个空间群还存在特定底心（$\frac{1}{2}$，$\frac{1}{2}$，0）的平移操作。需要特别注意的是，虽然绕着 y 轴旋转 $180°$ 后又沿着 z 轴前进 $\frac{1}{2}$ 单位长度，但毕竟不是沿着 y 轴本身前进，所以 y 轴非螺旋轴，不可写成 2_1 的形式。

6.4.8 空间群 $I2_1 2_1 2_1$

如图 6-26 所示的空间群 $I2_1 2_1 2_1$ 虽然看起来比前面介绍的例子更加复杂，但是其一般位置图的推导过程和 $P2_1 2_1 2_1$ 空间群推导过程大差不差，不过是增加了特定体心的平移操作。

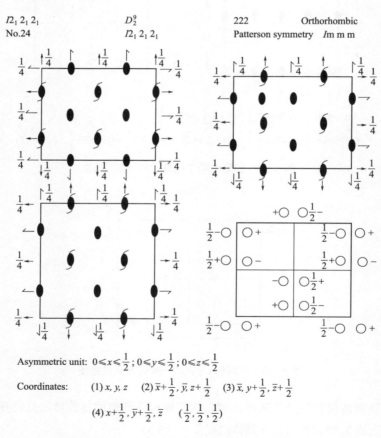

图 6-26 国际表中空间群 $I2_1 2_1 2_1$ 的描述

空间群 $I2_1 2_1 2_1$ 属于正交晶系，所以，a 轴、b 轴和 c 轴都是 2 重螺旋轴。我们取一般位置的黑色圆圈 (x, y, z) 进行推导。黑色圆圈绕着 x 轴旋转 $180°$ 并前进 $\frac{1}{2}$ 单位长度后，还同时伴随着沿 y 轴的前进，坐标变化为 $(x, y, z) \rightarrow (x, \bar{y}, \bar{z}) \rightarrow (x + \frac{1}{2}, \bar{y}, \bar{z}) \rightarrow (x + \frac{1}{2}, \bar{y} + \frac{1}{2}, \bar{z})$，最终得到红色箭头所指的红色圆圈（如图 6-27 所示）。而一般位置绕着 y 轴旋转 $180°$ 并前进 $\frac{1}{2}$ 单位长度后，还同时伴随着沿 z 轴的前进，坐标变化为 $(x, y, z) \rightarrow (\bar{x}, y, \bar{z}) \rightarrow (\bar{x}, y + \frac{1}{2}, \bar{z}) \rightarrow (\bar{x}, y + \frac{1}{2}, \bar{z} + \frac{1}{2})$，最终得到深绿色箭头所指的深绿色圆圈，而且 2 个深绿色圆圈的位置等效。同理，一般位置绕着 z 轴旋转 $180°$ 并前进 $\frac{1}{2}$ 单位长度后，还同时伴随着沿 x 轴的前进，坐标变化为 $(x, y, z) \rightarrow (\bar{x}, \bar{y}, z) \rightarrow (\bar{x}, \bar{y}, z + \frac{1}{2}) \rightarrow (\bar{x} + \frac{1}{2}, \bar{y}, z + \frac{1}{2})$，最终得到深蓝色箭头所指的深蓝色圆圈，2 个深蓝色圆圈的位置等效。需要注意的是，4 个黑色圆圈的位置也是等效的，而且深绿色圆圈的坐标 $(\bar{x}, y + \frac{1}{2}, \bar{z} + \frac{1}{2})$ 是一般位置坐标 (x, y, z) 经过在 y 轴螺旋操作后的结果，而红色圆圈的坐标 $(x + \frac{1}{2}, \bar{y} + \frac{1}{2}, \bar{z})$ 是经过在 x 轴螺旋操作后的结果，二者正好存在 z 轴的 2_1 轴对称操作关系。

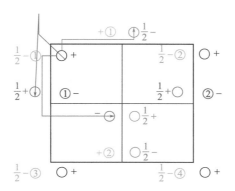

图 6-27　空间群 $I2_1 2_1 2_1$ 一般等效点位置图

我们用推导出的红色圆圈的坐标 $(x + \frac{1}{2}, \bar{y} + \frac{1}{2}, \bar{z})$ 可以再进一步推导出紫色圆圈坐标。红色圆圈的坐标 $(x + \frac{1}{2}, \bar{y} + \frac{1}{2}, \bar{z})$ 相对于 $(\frac{1}{2}, \frac{1}{4}, z)$ 在 x 和 y 轴

方向上平移了 x 和（$\frac{1}{4}-y$），所以对应点的位置坐标是（$\frac{1}{2}+\bar{x},y,\bar{z}$），得到紫色圆圈 1 的位置坐标。这个位置坐标可以通过一般位置坐标和深蓝色圆圈位置坐标验证 y 和 x 方向上的坐标。紫色圆圈 1 和紫色圆圈 2 位置等效。我们用推导出的紫色圆圈的坐标（$\frac{1}{2}+\bar{x},y,\bar{z}$）可以再进一步推导出浅绿色圆圈坐标。紫色圆圈的坐标（$\frac{1}{2}+\bar{x},y,\bar{z}$）相对于（$\frac{1}{4},0,z$）在 x 和 y 轴方向上平移了 $\frac{1}{4}+\bar{x}$ 和 y，且在 z 轴存在 $\frac{1}{2}$ 单位长度的平移操作，所以对应点的坐标为（$x,\bar{y},\bar{z}+\frac{1}{2}$），即得到浅绿色圆圈 1 的坐标。也可通过在轴上进行 2_1 轴对称操作进行验证：（$\frac{1}{2}+\bar{x},y,\bar{z}$）$\rightarrow$（$x-\frac{1}{2},\bar{y},\bar{z}$）$\rightarrow$（$x-\frac{1}{2},\bar{y},\bar{z}+\frac{1}{2}$）$\rightarrow$（$x,\bar{y},\bar{z}+\frac{1}{2}$）。浅绿色圆圈 1 的坐标（$x,\bar{y},\bar{z}+\frac{1}{2}$）可以通过一般位置坐标和深蓝色圆圈位置坐标验证 x 和 y 方向上的坐标。浅绿色圆圈 1 和其余浅绿色圆圈位置等效。我们用一般位置坐标（x,y,z）可以进一步推导出橙色圆圈坐标。（x,y,z）相对于（$0,\frac{1}{4},z$）在 x 和 y 轴方向上平移了 x 和（$y-\frac{1}{4}$），所以对应点的位置坐标是（$\bar{x},\bar{y}+\frac{1}{2},z$），即橙色圆圈 1 的位置坐标。这个坐标可以通过红色圆圈坐标和深绿色圆圈位置坐标验证 y 和 x 方向上的坐标。橙色圆圈 1 和橙色圆圈 2 位置等效。对于浅蓝色圆圈的坐标我们也可以通过得到的橙色圆圈坐标进行推导。二者的坐标位置满足经过 z 轴的 2_1 轴对称操作关系。

在同一个晶胞中存在 8 份等同的分子，也就是含有 8 个非对称单元，非对称单元取值范围为 $0\leqslant x\leqslant\frac{1}{2}$；$0\leqslant y\leqslant\frac{1}{2}$；$0\leqslant z\leqslant\frac{1}{2}$。当然，这个空间群还存在特定体心（$\frac{1}{2},\frac{1}{2},\frac{1}{2}$）的平移操作。

经过几个常见空间群的简单介绍，相信大家对空间群有了一定的了解。当得到一个空间群时，首先需要做的是根据空间群符号确定它的晶系，并按照晶系参数建立晶胞，从而确定操作方向，然后根据符号的第二部分确定在定义的方向上需要进行何种操作。需要注意的是，有时候操作并非孤立的需要注意组合，需要借助对称元素的图表和给出的坐标进行整体把握，才能准确地理解一般等效点位置图和空间群符号代表的含义。

6.5 蛋白质晶体的衍射基础

我们在 5.4 中简单描述了 X 衍射是如何产生的，简单来说就是规则排列的原子对 X 射线的散射信号在相位相同的地方互相叠加产生更强信号的现象。然而，如何利用这种衍射现象并从中获得想要的结构信息是蛋白质晶体学的基础，因此熟知蛋白质晶体发生 X 衍射的原理对蛋白质晶体学是至关重要的。如图 6-28 所示，蛋白质晶体经过 X 射线照射之后，由于其内部原子规则排列，将会产生由很多衍射点（spots）组成的衍射图案（diffraction pattern），根据这些衍射图案可以解析出内部原子的电子云密度图，再进一步解析出蛋白质的结构。在解析结构的过程中需要明白，产生的衍射点包含了什么样的信息、如何反映晶体内部的空间结构、采用衍射点包含的信息如何解析出电子云密度图等问题。

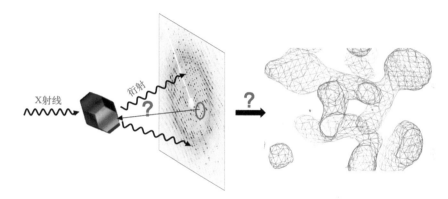

图 6-28　蛋白质晶体衍射过程中的信息解读

6.5.1　蛋白质晶体发生 X 衍射的条件

蛋白质晶体内的原子都可以对入射的 X 射线产生散射，而产生的这些散射信号在什么样的情况才能相互叠加而产生衍射信号呢？我们首先需要了解一下波函数，它是一种周期函数（图 6-29），函数方程（6-3）中，$f(x)$ 为波沿着 x 轴方向传播时某一点的垂直高度；F 为振幅，在蛋白质晶体的衍射中与衍射点的强度有关；h 为频率，和 X 射线的波长相关；α 为相位，这和初始位点相关。

$$f(x) = F \sin 2\pi (hx + \alpha) \tag{6-3}$$

当周期函数中 $F=1$、$h=1$、$\alpha=0$ 时 $f(x)=\sin 2\pi x$，此时如果两个相同的波 $f_1(x)=\sin 2\pi x$ 和 $f_2(x) = \sin 2\pi x$ 相遇时 $f_1(x) +f_2(x)=2\sin 2\pi x$，说明会发生图 6-30（a）所示的叠加。而当两个相位相差 π 的波相遇时，就会发生图 6-30（b）所示的抵消。

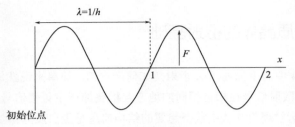

图 6-29　波函数示意图

λ—波长；F—振幅 / 强度

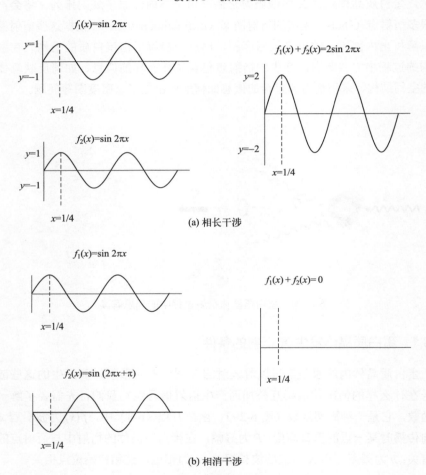

(a) 相长干涉

(b) 相消干涉

图 6-30　波的相长干涉和相消干涉

这就是蛋白质晶体衍射中发生相长干涉和相消干涉的条件[9]。

两种波在满足什么样的条件下发生相长干涉，而又在什么样的条件下发生相消干涉呢？从图 6-31 中可以发现，长虚线的波与原点发出的波发生相消干涉，短虚线的波与原点发出的波发生相长干涉。从图 6-31 中可以看出，当下一个波散射的位点与原点 O 相差的距离为波长 λ 的整数倍时（$\Delta x = n\lambda$），与初始波发生相长干涉，而当下一个波散射的位点与原点 O 相差的距离为非整数倍的 λ 时，与初始波发生相消干涉。这就是蛋白质晶体内部原子对 X 射线散射信号发生相长干涉的条件。

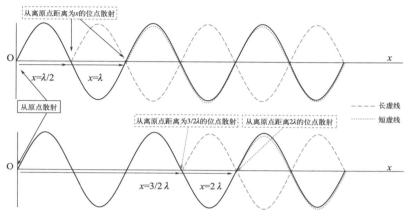

图 6-31　波发生相长干涉和相消干涉的条件

我们可以把蛋白质晶体想象成由多个相同的平行平面组成，在晶体学中这种平面称为晶格平面（lattice plane，图 6-32）[10]，每组平面是相同的，因此只有当 X 射线入射到这些相同的平面上时发生的散射信号才能发生相长干涉，从而发生衍射。但是，并不是只要照射到相同的晶格平面就能发生衍射，只有当晶格平面上的原子之间的距离及入射 X 射线与平面间的夹角满足布拉格方程 [Bragg's law，式（6-4）] 时才能发生衍射。

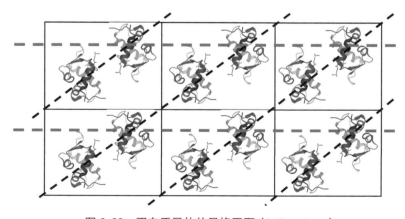

图 6-32　蛋白质晶体的晶格平面（lattice plane）

$$2d \sin\theta = n\lambda \qquad\qquad (6\text{-}4)$$

如图 6-33 所示，当 X 射线入射到处于两个同族晶格平面上的原子 A 和 B 时，到达 B 原子的 X 射线比到达 A 原子的 X 射线要多传播一段距离 CB，同样被 A 和 B 原子散射的信号在到达相同位置前，B 原子散射的信号比 A 原子散射的信号多行驶距离 BD。只有当 CB+BD=$n\lambda$（n 为整数）时，由原子 A 和 B 散射的信号才能发生相长干涉，产生衍射信号。从图 6-33 中可以看出，BC=BD=$\sin\theta \times d$，其中 d 为晶格平面的间距。这时 BC+BD=$n\lambda$，BC=BD=$n\lambda/2$，这时 BC=BD=$\sin\theta \times d$ 可以写成 $2d\sin\theta = n\lambda$，这个公式就是布拉格方程，布拉格因为此方程获得诺贝尔奖。在同步辐射光源，通常 X 射线的波长是固定的，另外只有 θ 在 0°～90° 内的衍射信号才能被探测器接收到（探测器处于垂直于晶格平面的位置），因此在布拉格方程中，晶格平面间距 d 与入射角/散射角 θ 成反比，这就意味着如想得到离检测器中心点越远的衍射点（高分辨率的衍射点），就要有更小的间距 d，而间距 d 与分子的对称性相关，对称性越高，间距 d 越小。因此，布拉格方程告诉我们，想要得到高分辨的数据，就要有对称性更高的晶体。

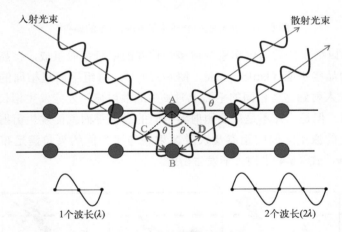

图 6-33　布拉格方程示意图

在蛋白质晶体做衍射试验时，为什么一束 X 射线能产生多个衍射点呢？这是因为晶体内的晶格平面不止有一种，而是有多种选择，如图 6-34 所示，当入射 X 射线与红色的一组晶格平面发生衍射时产生 θ 角度较大的衍射点，而当入射 X 射线与黑色的一组晶格平面发生衍射时产生 θ 角度较小的衍射点。

晶体学中用米勒指数（Miller indices）来定义晶格平面，米勒指数由 h、k、l 三个参数分别表示晶胞中 a 边、b 边、c 边被该组晶格平面切割成的几部分（或表示晶胞中沿着 x、y、z 方向存在几个平面）。如图 6-35 所示，002（h=0、k=0、l=2）

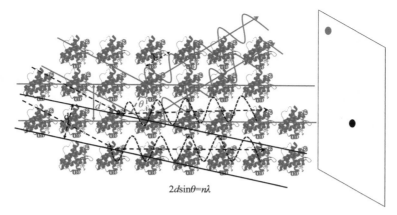

$2d\sin\theta = n\lambda$

图 6-34　X射线与不同的晶格平面发生衍射

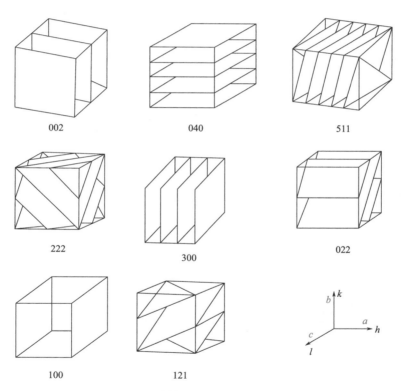

002　　　　　　040　　　　　　511

222　　　　　　300　　　　　　022

100　　　　　　121

图 6-35　米勒指数在晶胞中的示意图

表示的是这组平面与 a 和 b 轴平行（或没有相交），在 c 轴上这组平面将 c 轴截为 2 部分。121（$h=1$、$k=2$、$l=1$）平面表示在 a 轴只有一个相交点，b 轴上把 b 轴截为 2 部分，c 轴上只有一个相交点的一组平面。222（$h=2$、$k=2$、$l=2$）平面

就是一组将 a 轴、b 轴、c 轴都截成 2 部分的平面。所有垂直于 ab 面的晶格平面的米勒指数为 $hk0$，即 $l=0$。所有垂直于 ac 面的晶格平面的米勒指数为 $h0l$，即 $k=0$。所有垂直于 bc 面的晶格平面的米勒指数为 $0kl$，即 $h=0$。

晶格平面的划分并不是只用于一个晶胞，而是适用于整个晶格。如图 6-36 所示，100、110、010、120 四组平面可以从一个晶格扩展到整个晶格，一组内的晶格平面越多（平面间距 d 越小），分辨率越高。

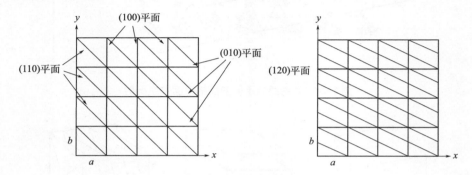

图 6-36　整个晶格中的晶格平面

平行且间距相等的一组晶格平面的 hkl 相同，称为晶格平面簇（图 6-37），它们只产生一个衍射点，每个不同的（hkl）平面簇产生不同的衍射点，晶体中所有的（hkl）平面最终形成衍射图案。这个衍射图案同样用 hkl 来表示，衍射图案的 hkl 是傅里叶级数中的一个傅里叶项，它描述了晶胞内的电子密度。该反射的强度取决于晶格平面上的电子分布和密度。

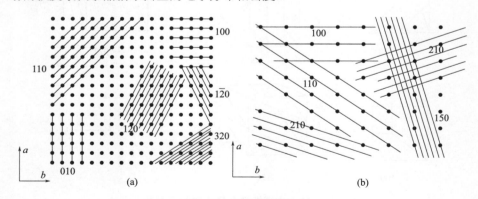

图 6-37　晶格平面簇

晶格平面的划分需要空间想象力，往往会觉得把一个晶胞切成多个晶格平面，每个平面上的原子分布怎么会一样呢？其中晶格平面的划分不能局限于一个晶胞，而是要扩展到整个晶体。

6.5.2 晶格平面与衍射图案之间的关系

6.5.1 中提到晶体中所有的（*hkl*）平面最终形成衍射图案，衍射图案中的衍射点同样用 *hkl* 来表示，（*hkl*）平面与衍射图案中的 *hkl* 有什么对应关系需要用真实空间（real space）和倒易空间（reciprocal space）来区分。X 射线入射到蛋白质晶体后形成的衍射图案并不代表晶体内的真实空间。Ewald 等科学家为了和真实空间区分，用倒易空间这个虚拟的概念来表示衍射图案中的空间排列，真实空间和倒易空间对应的晶格称为真实晶格（real lattice）和倒易晶格（reciprocal lattice）（图 6-38）。倒易晶格和真实晶格拥有相同的对称性，倒易晶格上的每个点代表真实空间中的一组平面。倒易晶格在空间上与晶体的真实晶格相关联，因此如果我们旋转晶体，倒易晶格也会随之旋转。倒易晶格的三个轴用 a^*、b^*、c^* 表示，它们的大小为真实空间三个轴 a、b、c 的倒数。因此，真实晶格变大时，倒易晶格变小，真实晶格变小时，倒易晶格变大。另外倒易空间中每个衍射点到中心点的间距 d^* 为真实空间中晶格平面间距 d 的倒数。

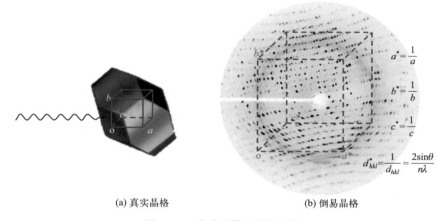

(a) 真实晶格　　　　　　　　(b) 倒易晶格

图 6-38　真实晶格和倒易晶格

真实空间和倒易空间中的 *hkl* 是如何对应的呢？图 6-39 中列举了几个例子，其中每张图的左图表示的是真实空间的晶格平面，右图表示的是倒易空间中的衍射点。图 6-39（a）显示的是 100 晶格平面和 100 衍射点。100 晶格平面是一组间距 $d=a$ 且平行于 bc 平面的晶格平面，此时对应的 100 衍射点到中心点的间距 $d^*_{100}=1/d_{100}=1/a=a^*$。图 6-39（b）显示的是 200 晶格平面和 200 衍射点。相对于 100 平面，*200* 晶格平面的间距 d_{200} 为 100 平面间距 d_{100} 的一半，而 200 衍射点到中心点的距离 $d^*_{200}=2a^*$。图 6-39（c）和图 6-39（d）显示的是 110 和 -1 -1 0（$\bar{1}\bar{1}0$）晶格平面和相应的衍射点，它们是一组相同的平面，但是衍射点为两个，

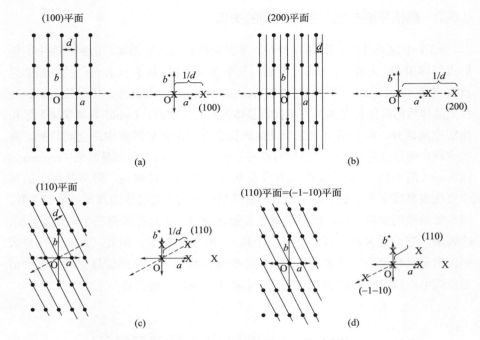

图 6-39　真实空间和倒易空间之间的对应关系

以中心点对称。

　　在一个晶体中，会有多组晶格平面簇，图 6-40 显示了一个晶体中不同的晶格平面簇和与其对应的倒易空间中的衍射点。这也是为什么一张衍射图案里面有多个衍射点的原因，这是因为在这个入射角下，晶体里面的多组晶格平面簇满足布拉格方程。

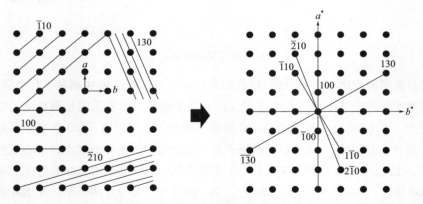

图 6-40　真实空间中的晶格平面簇和倒易空间中的格点之间的对应关系

　　为了更加简单地建立倒易空间和晶格平面之间的对应关系，Ewald 等科学家设计了一个以真实空间原点为中心、以 $1/\lambda$ 为半径的球，并命名为埃瓦尔德球（Ewald sphere）。入射 X 射线透过晶体与埃瓦尔德球的交点为倒易晶格的原点，然后从原点画一条垂直于晶格平面且长度为 $1/d$ 的矢量 S，其与埃瓦尔德球的交点恰好为晶格平面在倒易空间对应的衍射点，这时我们就会发现：被蛋白质晶体散射的光线中，只有穿过埃瓦尔德球球面且和倒易空间相交的格点的散射才满足衍射条件。这个规律我们可以推导出来，图 6-41 中 $\sin\theta=(S/2)/(1/\lambda)$，把 $S=1/d$ 代入这个公式可以推导出布拉格方程 $2d\sin\theta=n\lambda$。这个相交的点正好对应于真实空间的晶格平面。图 6-41 中这个交点（h, k, l）正好对应于米勒指数为 h, k, l 的晶格平面。S 正好为衍射点到原点的距离，为晶格平面间距 d 的倒数 $1/d$。这样我们就能很方便地将真实空间中的米勒指数表示的晶格平面和倒易空间中的格点（衍射点）对应起来。这时衍射图案中的每个衍射点表示的是倒易空间和埃瓦尔德球球面相交的格点，对应于真实空间中的每一组晶格平面。每个衍射点到中心点的距离正好为对应的这组晶格平面的间距 d 的倒数。这为如何从一张衍射图案中确定晶胞参数奠定了基础，相关内容将在第 8 章蛋白质晶体结构解析中详细介绍。

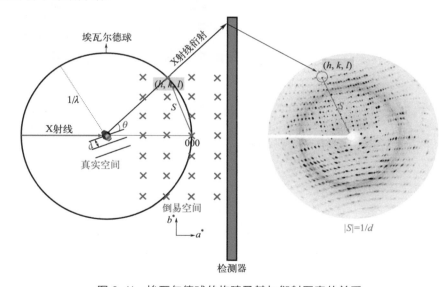

图 6-41　埃瓦尔德球的构建及其与衍射图案的关系

　　由于在每个特定晶体取向上能和埃瓦尔德球相交的倒易晶格格点并不多，因此为了全面收集到晶体内所有平面的衍射数据，在收集数据时需要通过旋转晶体的旋转（倒易晶格也随着旋转）带来更多与埃瓦尔德球相交的倒易晶格点。这也解释了在收集数据时为什么选择旋转晶体。

虽然图 6-41 显示的是埃瓦尔德球的平面图，但是埃瓦尔德球其实是一个三维的球体，其形状就如图 6-42 中的乒乓球和宇宙球灯，乒乓球上的黑色斑点就是倒易空间和埃瓦尔德球相交的格点，只有通过这些斑点的散射才满足衍射条件。宇宙球灯是一种和埃瓦尔德球非常相近的模型，我们在酒吧经常会看到这样的灯，中心的灯泡发出的灯光会在特定的方向穿过宇宙球灯表面的孔洞射到酒吧的某个方向，随着灯的旋转，这些灯光时断时续，给人一种闪烁的感觉。宇宙球灯表面的孔洞非常像倒易空间和埃瓦尔德球相交的格点，而中心的灯泡就像晶体，不断向周围发出 X 射线的散射信号。

(a) 乒乓球　　　　　　　　　　　　　(b) 宇宙球灯

图 6-42　埃瓦尔德球的三维效果图

（a）埃瓦尔德球的形状像乒乓球，上面的黑色斑点为倒易空间和埃瓦尔德球相交的晶格；
（b）埃瓦尔德球的形状像酒吧中的宇宙球灯，灯上面的孔洞类似于倒易空间和埃瓦尔德球相交的晶格

对应的倒易空间也是一个三维空间，它对应的是晶体中立体的晶胞。将三维的埃瓦尔德球和三维的倒易空间显示出来，形状如图 6-43 所示，其中只有三维的倒易空间与三维的埃瓦尔德球相交的格点才能满足衍射的条件，图中的 OA、OB、OC、OD、OE、OF 均能满足衍射条件，但是我们发现只有 OB、OC、OD、OE 被检测器所收集到，这是因为检测器是二维的，OA 和 OF 超出了被检测到的范围。从布拉格方程 $2d\sin\theta=n\lambda$ 中可以看出，在单波长 X 射线衍射中，衍射角位于 0°～90°内时，晶格平面间距 d 越小，衍射角 θ 越大。晶格平面间距 d 与分辨率有关（将在 7.1 中讲解），d 越小分辨率越高，此时对应的衍射角 θ 越大。这也是衍射图案中高分辨率的点位于边缘的原因。

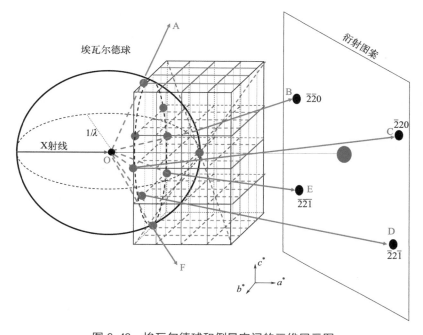

图 6-43　埃瓦尔德球和倒易空间的三维展示图

（球表面的灰色斑点表示倒易空间与埃瓦尔德球相交的格点，衍射图案中心的斑点称为光束挡板）

6.6　蛋白质晶体数据的分辨率

　　蛋白质晶体的分辨率（resolution）决定了最终结构的准确度，在不同的分辨率下电子云密度图显示的精细度差距很大，在 3Å 分辨率下得到的电子云密度图我们只能模糊地分辨出分子基本的结构框架，但是在 2Å 分辨率下的电子云密度图中可以看到分子相应的基团，如苯环的密度图就显得很明显。随着分辨率进一步提升到 1.2Å，电子云密度图中不仅能看清主要基团的形状，而且连一些原子的密度图都显示得很清楚。可见数据分辨率对结构准确性的影响很大，尤其是在研究配体与蛋白质的复合物晶体结构时，因为配体通常是小分子药物等一些比较小的分子，如果数据的分辨率较低，就很难分辨出差异电子云密度中的正映射（positive map）是不是小分子配体的密度图，而当分辨率较高时，就能很清楚地确定小分子配体是否结合在蛋白质上了[11]。

　　分辨率是指在观察者不再能够分辨出目标是两个独立的事物之前，这两个事物可以靠得有多近。就像你有 2 个星号＊＊，如果它们相距很远，如＊＿＿＿＊，很容易看出其中有 2 个星号，但是当它们靠得更近时，如＊＿＊，区分它们变得更加困难，并且在某些时候，它们会非常接近，如＊＊，此时你会认为它是一个单一的东西，这个分界点被称为分辨率。不同的人看清分界点的能力会略有不同，这取决于他们的视力有多好。因此蛋白质晶体学中的分辨率不仅和晶体内部的对称性有关，还与检测器有关。在结构确定中，分辨率是对应于最小可观察特征的距离，如果两个物体比这个距离更近，它们会显示为一个组合的斑点，而不是两个单独的物体。在 X 射线晶体学中，分辨率是在衍射图案中分辨的晶格平面之间的最小距离。晶格平面的间距越小，在倒易空间中的衍射点离中心点越远。因此，在衍射图案中，离中心点越远的衍射点分辨率越高。在蛋白质晶体学中分辨率的大小通常以埃米（Å）为单位来衡量，$1Å=10^{-10}m$。分辨率 $\geq 3Å$ 通常表示分辨率较低，而数值 <2Å 通常表示分辨率较高，而数值率 <1Å 的分辨率称为原子分辨率（atomic resolution）。在低分辨率下，可以分辨出蛋白质骨架之类的东西，但很难对其侧链的位置进行确定。在高分辨率下，可以分辨出蛋白质侧链的电子云密度图，从而确定侧链的精确位置[1]。

从埃瓦尔德球的概念和意义中可以看出晶体衍射的数量取决于埃瓦尔德球的大小，即 $1/\lambda$ 的大小，X 射线的波长越小，埃瓦尔德球越大，检测到的衍射越多。这在小分子晶体学中使用较为广泛，经常使用钼（Mo）的特征辐射（$\lambda=0.7107Å$）来收集尽可能多的衍射信号。但是在同步辐射光源用于衍射大分子晶体的 X 射线的波长（λ）一般是固定的，这时候根据布拉格方程 $2d\sin\theta=n\lambda$，高分辨率的反射数据只能通过减小晶格平面间距 d 来实现，而 d 与晶体内部的对称性有关，对称性越高 d 越小。基于上述原理可以推导出分辨率球的存在性，如图 6-44 所示，以倒易空间的原点为中心，以最大分辨率 d_{high} 为半径的球即为分辨率球，只有在分辨率球内的衍射点才能被检测器检测到，此球对应最边缘的衍射点对应的衍射角即为最大衍射角 θ_{max}。根据布拉格方程 $\sin\theta=\lambda/(2d) \leq 1.0$（衍射角 θ 最大为 90°，此时 $\sin\theta$ 为 1），分辨率 $1/d_{high}$ 总是限制在 $2/\lambda$。如想获得原子分辨率的数据，则必须使用非常短的 X 射线波长。

在某种程度上，决定最大分辨率的 d_{high} 由在数据处理期间应用的分辨率截取值（truncation）决定。然而，这是非常主观的。此外，d_{high} 仅反映使用的最高分辨率壳层（highest resolution shells）（图 6-44），而与数据集的完整性和各向异性无关。因此，很多宣称的高分辨率更多地表明是在哪里截断了他们的数据，而并没有说明其质量。分辨率的高低并不是一个很客观的选择，只表明是在哪里截断了数据，与数据集的完整性和各向异性无关。高的分辨率数据其数据完整性并不高，导致最终结构不一定准确。因此分辨率的截取需要从数据的完整性等方面综合考虑。有些杂志对高分辨率下的数据完整性具有明确的要求。

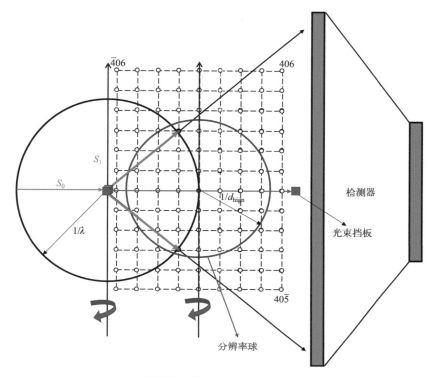

图 6-44　分辨率球（resolution sphere）的示意图

作为替代方案，可以使用光学分辨率（optical resolution，d_{opt}）。在 X 射线晶体学中，将光学分辨率定义为电子云密度图中两个可分辨峰（其形状由高斯拟合）之间的预期最小距离，即它显示了两个峰（如果一个具有包含所有精确相位的完美电子云密度图）仍然可以被视为分开的最小距离，计算公式为：

$$d_{opt} = \sqrt{2\left(\sigma_{Patt^2} + \sigma_{sph^2}\right)}$$

式中，σ_{Patt} 是高斯函数拟合到帕特森（Patterson）原点峰的标准偏差；σ_{sph} 是高斯函数拟合到球面干涉函数原点峰的标准偏差，球面干涉函数表示半径为 $1/d_{high}$ 的球体的傅里叶变换。

参考文献

[1] McPherson A, Gavira J A. Introduction to protein crystallization [J]. Acta Crystallogr F Struct Biol Commun, 2014, 70: 2-20.

[2] Jobichen C, Swaminathan K. Molecular replacement with a large number of molecules in the asymmetric unit [J]. Acta Crystallogr F Struct Biol Commun, 2014, 70: 1296-1302.

[3] Oishi-Tomiyasu R. Rapid Bravais-lattice determination algorithm for lattice parameters containing

large observation errors [J]. Acta Crystallogr A, 2012, 68: 525-535.

[4] Kantardjieff K A, Rupp B. Matthews coefficient probabilities: Improved estimates for unit cell contents of proteins, DNA, and protein-nucleic acid complex crystals [J]. Protein Sci, 2003, 12: 1865-1871.

[5] Pai R, Sacchettini J, Ioerger T. Identifying non-crystallographic symmetry in protein electron-density maps: A feature-based approach [J]. Acta Crystallogr D Biol Crystallogr, 2006, 62: 1012-1021.

[6] Everett J D. A Treatise on the Theory of Screws [J]. Nature, 1901, 63: 246-248.

[7] Flack H D. The revival of the Bravais lattice [J]. Acta Crystallogr A Found Adv, 2015, 71: 141-142.

[8] Hahn T. International Tables for Crystallography, Volume A: Space Group Symmetry. [M] Dordrecht: Springer, 2002.

[9] Radi H A, Rasmussen J O. Principles of physics. [M] Heidelberg: Springer, 2013.

[10] Wang G, Lu T M. RHEED Transmission mode and pole figures [M]. New York: Springer, 2014.

[11] Chayen N E, Saridakis E. Protein crystallization: from purified protein to diffraction-quality crystal [J]. Nat Methods, 2008, 5: 147-153.

第 7 章
蛋白质晶体的数据收集

PROTEIN CRYSTALLOGRAPHY
AND DRUG
DISCOVERY

7.1 同步辐射光源线站

在 5.5 中已经介绍过同步辐射光源，当快速移动的电子穿过不同类型的弯转磁铁时，受到磁场的作用其运动方向发生改变，在此改变的过程中发射出不同能量的光束并被运送到不同的线站进行不同的实验。同步辐射产生的光束是一种连续光谱，在进行实验之前需要根据不同的实验需求，将同步辐射连续光谱加工成特定能量、单色性、不同光斑尺寸等要求的单色光送入线站进行衍射实验。

虽然弱能量的 X 射线在临床上用于影像学，但是在同步辐射光源的 X 射线因为具有很强的能量而对人体具有很强的辐射，因此线站的实验站处在一个具有隔离辐射作用的密闭舱内（hutch）。初次进入线站的用户都需要提前完成安全性培训才能进行实验，这里最需要注意的就是舱门的打开和关闭，以确保舱门关闭之前实验人员已撤离实验舱和舱门打开之前已停止衍射实验。用户上完样并撤离后关闭舱门，然后从实验舱外的工作站进行操作和收集数据。

7.2 蛋白质晶体的上样

在液氮保护下带到光源的蛋白质晶体，需要上样到线站的试验站才能进行衍射实验。试验站（图 7-1）主要由机械手臂（actor robot）、检测器（detector）、检测器台（detector stage）、低温气流装置（cryo-stream）、角度仪（goniometer）、

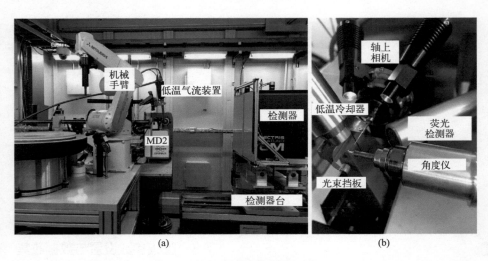

(a)   (b)

图 7-1　同步辐射光源线站的试验站
（本图来源于文献[1]，为上海光源 BL19U1 线站的样品环境图）

光束挡板（beamstop）、轴上相机（on-axis camera）、衍射仪（MD2）、荧光检测器（fluorescence detector）和低温冷却器（cyro-cooler）等部件组成。上样（mount）由机械手臂和样品池组成的自动上样器自动完成，但是用户需要将携带晶体的冰球（puck）反过来放入充满液氮的样品池，并卸掉冰球的底部，这样带有晶体样品的底座正好样品朝上放在样品池中（图 7-2）。上样时，机械臂按照用户要求迅速取到样品并将样品装入到角度仪上。检测器是用来接受衍射信号的，常见的检测器为 CCD 检测器。低温气流装置持续不断地向上样到角度仪上的晶体传输低温的氮气，用于保护晶体在衍射实验过程中免受损伤。角度仪在做衍射时用来旋转样品的角度，以便从各个角度收集晶体的衍射数据，提高数据的完整性。光束挡板可以阻挡透过晶体的 X 射线，用于保护检测器，以免受到损伤。摄像头用来给用户传输晶体的状态。

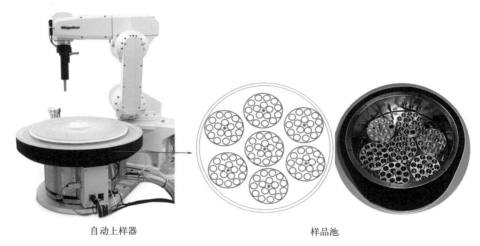

自动上样器   样品池

图 7-2 自动上样器的组成和结构
（样品池用于存放冰球，里面是装满了液氮的低温环境）

7.3 收集参数设置与数据收集

数据收集是一个相对复杂且重要的过程。复杂是因为此过程涉及很多物理学的内容，对于初学者很难掌握。重要是因为数据收集的是否得当直接会导致数据质量的高低。目前的线站自动化程度很高，简单设定几个参数就可以很快完成数据的收集[2]。但是，如果对一些参数不了解，会导致收集的数据有收集不完整、晶体衰减等问题。数据收集的流程一般是先选一个角度对晶体进行测试，即先绘制一张衍射图，然后根据测试的结果对收集全套数据时的曝光时间、旋转角度、样品与检测器间的距离等参数进行设定并收集全套数据[3,4]。下面对数据收集过程中的几个重要参数进行讲解。

7.3.1 样品与检测器的距离

在收集数据时，晶体与检测器之间的距离（distance）可以进行调节。从图 7-3 可以看出，当晶体与检测器之间的距离 D 减小时，可能会收集到更多分辨率更高的衍射数据，但是对于晶胞常数非常大的晶体（即晶格平面间距 d 更小），D 太小时检测器上的衍射信号会出现重叠。当晶体与检测器之间的距离 D 增大时，可能会丢失更多分辨率更高的衍射数据，但是有助于解决低分辨率信号叠加导致的问题。因此 D 的选择还需要在收集数据时根据测试结果进行确定，如果测试数据的分辨率达到了要求，就可以在这个距离下收集数据，如果觉得还可能会收集到更高分辨率的数据，就可以尝试减小间距 D。

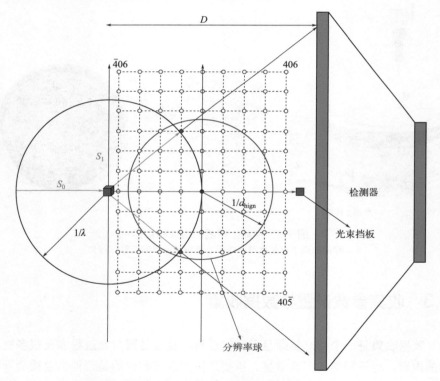

图 7-3　晶体与检测器间的距离 D 对数据收集的影响

7.3.2 曝光时间

最佳曝光时间（exposure time）可根据第一张的测试结果来确定。曝光时间太短会导致低分辨率信号的噪声变大［$I/\sigma(I)$ 变小］，而曝光时间过长不仅会导致饱和的高强度斑点，而且还有损伤晶体的可能性。必须抵制一种特别的诱惑：过度曝光晶体以试图记录高分辨率数据，而牺牲了重要的低分辨率数据，这总是会导致相位问题和较差的电子云密度图。如有必要，应收集曝光时间较短的低分辨率数据集，然后将其合并以填充任何缺失的高强度反射。但是这需要低分辨率和高分辨率数据集在分辨率外壳中必须有合理的重叠，以便它们可以正确合并在一起[5]。

7.3.3　旋转角度

从蛋白质晶体发生衍射的理论中可以知道，蛋白质晶体处于某一角度时，晶格平面中只有部分满足布拉格方程，因此为了收集到所有晶格平面上的数据，提高数据的完整性，收集数据时需要通过角度仪来旋转晶体的角度（φ 角度）。用户通常在收集数据时，为了收集到完整数据，通常会收集 360°的所有数据。一般以 0.5°或 1°的旋转角度来收集 720 张或 360 张数据，这也是大部分用户的选择。也有部分用户以 0.1°的旋转角度来收集 3600 张数据，但是这会耗费更多的时间，也有导致晶体淬灭的可能。其实数据的完整性和晶体内部的对称性相关，并不是所有晶体都需要旋转 360°才能收集到完整的数据，表 7-1 列出了不同晶系收集到完整数据时所需要旋转的角度[3]。高级用户一般先会收集不同角度的两张数据，然后检索出晶体的晶系，再根据晶系来判断收集的角度。

表 7-1　获得完整数据所需的最小晶体旋转角度（°）

晶系	正常收集最小旋转角度	反常散射收集最小旋转角度
1	180 (any)	$180 + 2\theta_{max}$ (any)
2	180 (b), 90 (ac)	180 (b), $180 + 2\theta_{max}$ (ac)
222	90 (ab, ac, bc)	90 (ab, ac, bc)
4	90 (c, ab)	90 (c), $90 + \theta$max (ab)
422	45 (c), 90 (ab)	45 (c), 90 (ab)
3	60 (c), 90 (ab)	$60 + 2\theta$max (c), $90 + \theta$max (ab)
32	30 (c), 90 (ab)	$60 + 2\theta$max (c), 90 (ab)
6	60 (c), 90 (ab)	60 (c), $90 + 2\theta$max (ab)
622	30 (c), 90 (ab)	30 (c), 90 (ab)
23	约 60	约 70
432	约 35	约 45

注：最小晶体旋转角度具体取决于晶体对称等级及其相对于主轴的方向；（ab）表示 ab 平面内的任何方向。

理论上来说，更多角度的晶体旋转提高了对称等效反射的测量次数，从而使得衍射点的平均强度更精确，但是收集的越多，曝光时间越长，会导致晶体受到更多的辐射损伤，这反而会破坏这些好处。选择折中的办法需要从晶体的稳健性、光束强度和检测器特性来综合考虑。例如检测器的灵敏度更高时，则建议使用稍弱的光束来收集更广角度的数据。

需要知道的是，即使晶体旋转了360°，那些靠近旋转轴的倒易晶格点也永远不会穿过埃瓦尔德球的表面。这个区称为盲区（blind region）（图7-4），产生的原因主要是晶体内部对称轴与旋转轴一致。盲区宽度取决于埃瓦尔德球的大小，即取决于 X 射线波长，短波长（大埃瓦尔德球半径）可以使盲区的宽度变小。我们可以通过让晶体倾斜使得晶体内部对称轴与旋转轴错开来解决这个问题。在实践中，安装在环上的晶体其内部对称轴与旋转轴重合的概率很小，但对于非常各向异性的晶体（例如针状晶体），发生此种情况的概率较大。

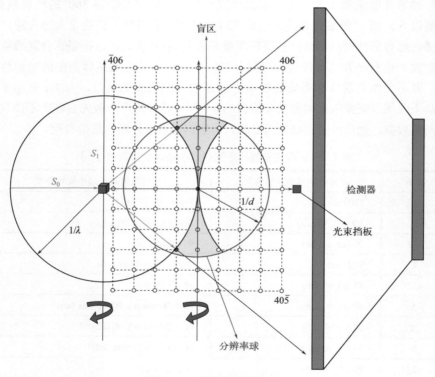

图 7-4　衍射盲区示意图

7.3.4　检测限和检测饱和

二维检测器对存储在每个像素中的信号强度具有一定的检测限。如果检测器的电子元件的存储容量为 16 位整数，则最大像素值为 $2^{16}-1=65535$，高于此值的强度会导致检测器的像素饱和，最终显示的强度值均为最高值 65535，而不是真实的强度值。这些饱和斑点一般显示为橙色的斑点。这个最大检测限与检测器相关，有些检测器，如 PILATUS，使用 20 位算法，因此具有更高的检测范围。

由于检测限的存在，不可能在相同角度、相同曝光时间下同时充分地记录下最强的低分辨率反射和非常微弱的高分辨率反射。这些最强反射对于确定结构的相位至关重要，并且对调整各种电子云密度图非常有帮助，缺少它们将对晶体结构的解析产生负面影响。避免饱和（过载）的一个实用解决方案是在不同的角度通过不同的有效曝光收集数据，即分开收集高分辨率和低分辨率的衍射点。首先，为了不让晶体受到过度的辐射损伤，可先通过减少曝光时间和调整 X 射线的强度来避免低分辨衍射点过载，同时应以更小的旋转角度去旋转，这样可以让强反射分布在多张衍射图中。其次，可通过增加有效曝光来收集高分辨的衍射点，然后将所有强度缩放并合并在一起。当强反射的强度分布在多个衍射图中时，即更精细地切割衍射图，过载问题就不那么严重了。

7.3.5 光斑大小

光斑大小（beam size）指的是 X 射线照射到晶体上的光斑尺寸的大小（图7-5），大小的设置通常根据晶体的大小和形状来确定[6]。如果晶体的质量很高，让整个晶体都暴露在光斑内，可以让晶体尽可能地发生衍射。光斑大小最好调整到与晶体尺寸大小相当，这样可以避免不必要的过多背景。如果晶体呈板状或针状，过大的光斑会导致照射到非晶体部位，产生不必要的噪声信号。针对这种不太规则的晶体，建议使用横截面远小于晶体尺寸的光斑。

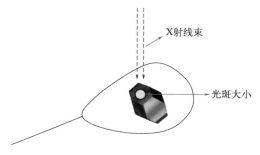

图 7-5　光斑大小示意图

有些外形很大的晶体，因为内部的镶嵌性导致整个晶体内高度的不均匀，这时不同部位的衍射质量也不一样。这种情况下选择小光斑来测试不同部位的衍射情况相对照射整个晶体更为合理，也可以用小光斑照射多个部位收集多套数据来整合，这样收集的数据质量更高。尤其是针对长柱状晶体，可以沿着长边多收集几个部位［图 7-6（a）］。有些线站还容许采用螺旋式旋转（helical）收集方法，这种方法容许晶体螺旋式旋转，这样即使旋转一个小光斑，也可以收集到晶体不同部位的数据。此外，当晶胞很大的时候，选择小的光斑有助于减少数据的重叠。

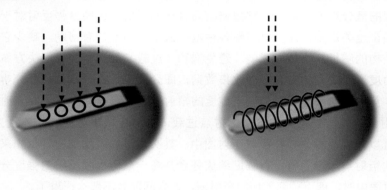

(a) 选择小光斑在不同部位进行收集　　　　　　　(b) helical收集方法

图 7-6　长柱状晶体数据收集策略

7.3.6　辐射损伤

辐射损伤（radiation damage）[7] 指的是蛋白晶体在暴露于 X 射线期间发生的辐射损伤，这一直是蛋白质晶体面临的重要危害，在大蛋白质晶体学实验中必须加以考虑[8]。即使晶体被冷却到大约 100K 的温度，在吸收 20 ～ 40MGy 的 X 射线剂量后，它们的总衍射强度也会降低。即使在小剂量的辐射下，一些特定的损伤，如酸性残基的脱羧、二硫键的断裂、氨基酸侧链的各种构象变化等也会发生，这可能导致解析的结构在某些特征结构上是错误的。

低温冷却减少了由辐射导致的某些活性自由基在整个晶体中扩散引起的二次损伤效应。然而，吸收 X 射线量子后的初级辐射损伤是不可避免的。辐射损伤只能通过减少曝光时间或减弱 X 射线束的强度来减轻。如果晶体不需要回收，即将数据用于最终模型改进，则可能允许一定程度的损坏，但对于异常相位应用，必须避免任何损坏。

如果数据要用于最终的结构细化，总剂量不应超过 20MGy[9]。对于用于异常相位的数据，这个限制应该低得多。建议在数据收集的早期阶段评估辐射损伤。一些程序，例如 BEST 或 RADDOSE，可用于估计允许在选定的总吸收剂量内收集完整数据的适当暴露。辐射损伤可以用 B-factor 和 R_{merge} 值来判断。根据经验，1MGy 的吸收导致 B-factor 增加约 1A²。通常可以通过对衍射图像的目视检查来判断反射轮廓的退化和高分辨率强度的损失。作为衍射图案数量函数的 R_{merge} 和 χ^2 值可用于判断辐射损伤。

7.3.7　波长

根据布拉格方程 $2d\sin\theta=n\lambda$，小波长有利于提高分辨率，但是针对同步辐射光源，波长有一定的范围，有些线站波长不可调节，有的线站波长可以调节，此时可以做多波长反常衍射（multi-wavelength anomalous diffraction，MAD）实验。对于常规晶体（native crystal）的数据收集，没有必要选择任何特定的 X 射线波长。在同步加速器设施中，通常以接近 1Å 左右的波长收集。

7.3.8　数据收集

当晶体上样好之后，最好先在两个正交方向（例如 0°和 90°）收集两张数据来判断数据质量，因为有时其中一个角度的衍射图案看起来可以接受，但正交的一个可能会显示不可接受的特性。许多特征可以通过肉眼立即判断，如晶体的镶嵌性，反射轮廓是否清晰或重叠等。可以用相对强的光束记录其中一次曝光，以评估衍射的分辨率极限。对于高级用户，可以用一张衍射图案来判断晶体的对称性，从而确定出更完善的收集参数，例如晶体收集的旋转角度范围、起始位置、晶体到检测器的距离、X 射线束衰减和曝光时间[10]。

对于初级用户且不知晶体对称性的情况下，可以先测试收集 1～2 张衍射图，然后初步判断衍射结果，如果衍射斑点很少就要考虑光斑是否对准晶体、是否是盐晶、是否存在冰晶等问题。如果是因为光斑没有对准晶体，可以考虑换个位置再测试。在冷冻晶体时，如果冷冻保护做得比较好，那在线站的显微镜下可以清晰地看到晶体［图 7-7（a）］，这时候很容易将光斑对准晶体。在冷冻晶体时，如果没有做好冷冻保护措施，会发现晶体被包裹在一坨黑色物质中［图 7-7（b）］，这些黑色的物质可能是冰，也可能是没有选择好的保护剂，此时晶体包裹在其中，很难确定晶体的具体位置，导致难以对准光斑，甚至有时会误认为没有捞到晶体。应对这种情况有两种方法可以尝试：①多换几个位置进行测试，看是否会找到晶体的位置；②通过线站配备的 mesh 方法，对不确定的区域进行全扫描，最后根据扫描结果来确定光斑位置并进行数据收集。如图 7-8 所示，在不确定晶体的具体位置时，首先可以选定所有的可能区域，然后把所选区域设置为 $a\times b$ 的网格，每个格子对应一次测试，最终可以通过衍射来判断此处的衍射强度。颜色越靠近红色，说明此处的衍射越强，示意晶体在此区域内，此时就可以基于此区域进行数据收集。

图 7-7　冷冻后的晶体状况
（a）冷冻保护措施较好的晶体，能够清楚地看到晶体的形状和具体位置；
（b）冷冻保护措施未做好的晶体，不能清楚地看到晶体的形状和具体位置

图 7-8　收集数据时的网格扫描（grid scan）方法

7.4　衍射图案包含的信息

衍射数据的检测器是二维平面的，但是我们想收集的数据是三维蛋白质结构的数据，这就需要在收集数据时通过旋转晶体来收集尽可能完整的数据，然后将这些二维的数据叠加在一起，从而产生三维的倒易空间结构。

用户收集到的数据是一张一张如图 7-9 所示的衍射图案（slices/frames）。每张衍射图案表示的是晶体在某个角度下被 X 射线照射之后发生的衍射情况，其中的衍射点对应的是晶体真实空间中的晶格平面。这些衍射点放大之后会看到颜色的深浅及其代表的不同数据，这些数据表示的是衍射强度，颜色越深说明衍射强度越大。旁边颜色较淡的点也标有数据，这些表示的是背景，在数据处理（scaling）的时候需要将这些背景扣除掉。在光源收集数据时可以通过线站配置的软件来查看 frames，如 XDISP。在个人电脑上，可以用 iMosflm

Image Viewer、DIALS Image Viewer 等软件来查看收集的 frames。图 7-9 就是用 iMosflm Image Viewer 显示的。

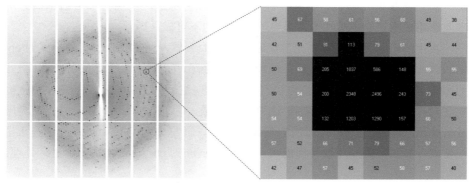

衍射图案(frames)　　　　　　　　　　　　衍射强度(intensity)

图 7-9　衍射图案及衍射点

（右图为 CRMP2 蛋白质晶体的一张衍射图，左图为放大后的衍射点详情，数字表示衍射强度。
此图由 iMosflm Image Viewer 显示）

　　衍射图案中除了包含衍射点及其强度外，还包含晶胞的参数信息及对称性信息。一个大分子晶体的一张衍射图案可能包含上千个衍射点，但是一个小分子晶体的一张衍射图可能只有很少的可见衍射点，这也可以用来判断晶体是蛋白质晶体还是盐晶。衍射图案中离中心点越近分辨率越低，离中心点越远分辨率越高（图 7-10），低分辨率的衍射点对于相位确定等较为重要，而高分辨率的衍射点对于蛋白质的细节结构确定非常重要。在数据处理过程中，对于高分辨

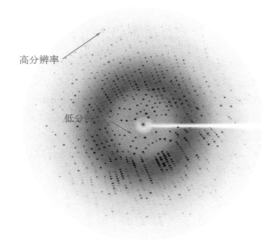

图 7-10　衍射图案中衍射点与分辨率的关系

率的截取是一个主观的过程，$I/\sigma(I)$ 值设定得较小时（即信噪比较小），选取的点就较多，这时很多信号虽弱但是分辨率很高的点会被选入。在选取分辨率壳层时需要从数据完整性、各向异性等多方面综合考虑，不能一味地追求高分辨率而忽略数据完整性等参数，最终导致结果的不可靠。

收集的衍射图案不同的光源线站格式不太一样，如 ESRF 收集的格式为 cbf 格式，此格式每张图一个文件，如收集 360 张图，原始文件就有 360 张 cbf 格式的图。上海光源收集的数据格式为 h5 格式，这是一种压缩格式，并不是一张衍射图对应一个 h5 文件，而是每 50 张图压缩成一个 h5 文件，此外，光源还会形成一个所有衍射图案压缩而成的整体性文件，通常命名为 master.h5。这些常见的格式大多数数据处理软件都能识别，如 Mosflm 对 cbf 和 h5 格式都能进行处理。

参考文献

[1] Zhang W, Tang J C, Wang S S. The protein complex crystallography beamline (BL19U1) at the Shanghai Synchrotron Radiation Facility [J]. Nucl Sci Tech, 2019, 30: 170.

[2] Skarina T, Xu X, Evdokimova E, et al. High-throughput crystallization screening [J]. Methods Mol Biol, 2014, 1140: 159-168.

[3] Dauter Z. Collection of X-ray diffraction data from macromolecular crystals [J]. Methods Mol Biol, 2017, 1607: 165-184.

[4] Pflugrath J W. Practical macromolecular cryocrystallography [J]. Acta Crystallogr F Struct Biol Commun, 2015, 71: 622-642.

[5] Starodub D, Rez P, Hembree G, et al. Dose, exposure time and resolution in serial X-ray crystallography [J]. J Synchrotron Radiat, 2008, 15: 62-73.

[6] Sanishvili R, Fischetti R F. Applications of X-ray micro-beam for data collection [J]. Methods Mol Biol, 2017, 1607: 219-238.

[7] Garman E F, Weik M. X-ray radiation damage to biological samples: Recent progress [J]. J Synchrotron Radiat, 2019, 26: 907-911.

[8] Garman E F. Radiation damage in macromolecular crystallography: what is it and why should we care? [J]. Acta Crystallogr D Biol Crystallogr, 2010, 66: 339-351.

[9] Owen R L, Rudino-Pinera E, Garman E F. Experimental determination of the radiation dose limit for cryocooled protein crystals [J]. Proc Natl Acad Sci USA, 2006, 103: 4912-4917.

[10] Michalska K, Tan K, Chang C, et al. In situ X-ray data collection and structure phasing of protein crystals at Structural Biology Center 19-ID [J]. J Synchrotron Radiat, 2015, 22: 1386-1395.

第 8 章

蛋白质晶体结构解析

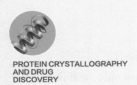

PROTEIN CRYSTALLOGRAPHY
AND DRUG
DISCOVERY

8.1 数据质量分析

8.1.1 蛋白质晶体可能存在的缺陷

蛋白质晶体中除了含有蛋白质分子外，还含有约 50% 的水分子。这种异质性和蛋白质晶体中蛋白质分子之间存在高度的对称性使得实际的蛋白质晶体难以达到理想中的完美结构。实际的晶体往往存在各种缺陷，这也进而影响了实验数据的完整性和准确性，从而增加了对晶体学数据进行分析和解读的难度[1]。下面将对蛋白质晶体存在的主要缺陷进行介绍：

8.1.1.1 晶体镶嵌度（mosaicity）

理论上的蛋白质晶体应该是蛋白质分子严格按对称规则排列而成的完美结构。从晶体的外观来看，也会认为是一种非常完美的排列结构。然而，蛋白质晶体在组装的时候并不是完美的，而是存在如图 8-1 所示的不规整。这有可能是晶体生长时造成的，也有可能是在衍射实验中冷冻晶体造成的，最终的影响是导致衍射点的轮廓变宽，即表现为得到的衍射点的弥散程度。大的镶嵌度导致衍射点延伸到许多连续的旋转图像上，从而成为数据集成的问题。镶嵌度被定义为衍射峰的半峰全宽（FWHM），它是每个晶体的固有特性，受包括样品处理在内的生长环境的流体动力学和机械稳定性的影响。尽管分辨率限制和晶体镶嵌度之间没有直接关联，但它们常常是相辅相成的。通常，较大的镶嵌度意味着较弱的衍射和分辨率的损失。描述镶嵌度的传统方式通过将晶体视为由镶嵌块（类似于晶胞）组成的物体来简化情况，每个块都是完美的晶体。如果所有块都完全对齐，则每个块的衍射将与所有其他块的衍射完全连续，此时定义镶嵌度为 0 [图 8-1（a）]。随着镶嵌块变得无序，由此产生的衍射发生扩散 [图 8-1（b）]。在衍射数据收集的旋转技术中，这被视为扩大了收集给定反射强度所需的旋转角度。因此，镶嵌度以度数给出，也被称为摇摆角（rocking angle）。镶嵌度值越低，数据越好，因此结构生物学家试图努力保持低镶嵌度。通常好的晶体具有 0.2 度或更小的镶嵌度，劣质晶体的镶嵌度为 1.0 度或更多。高镶嵌度通常是由不太理想的晶体冷冻条件引起的，冻结的行为可以使镶嵌块相对于彼此移动。这可以通过优化闪冷条件或通过退火来改善。

8.1.1.2 孪晶（twins）

孪晶是蛋白质晶体中也较为常见的现象，如果不处理好将会对数据处理产生较大影响。孪晶可以从结构上分为三种：可见孪晶（macroscopic twinning）、

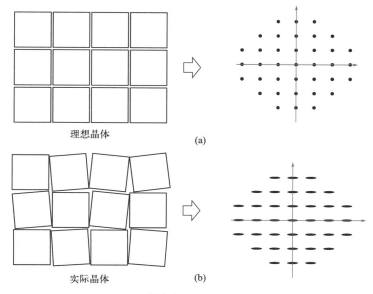

图 8-1　晶体镶嵌度产生的原理示意图

[（a）理想中的完美晶体，因为具有规则的排列而产生近乎圆形的衍射点，镶嵌度为 0；
（b）现实中，晶体中的晶胞不会像理想中那样规则排列，而是具有细微的差异，
这就是镶嵌度产生的原因，最终导致衍射点的轮廓变宽]

缺面孪晶（merohedral twinning）、非缺面孪晶（non-merohedral twinning）[2]。

　　可见孪晶是从不同的晶核长出的不同且独立的晶体黏合成一块形成的晶簇，这种孪晶在显微镜下通常是可见的，晶簇往往可以分解成独立的单晶。当重叠的晶体同时被 X 射线束照射时，它们都会独立衍射，从而产生包含多个不同倒易晶格的衍射图像（图 8-2）。这种现象通常较易识别，因为观察到的衍射图案将包含多个不同取向的晶格。在有利的情况下，其中一个晶体的衍射模式占主导地位，处理数据时选择占主导地位的这个衍射数据，而对没有显著贡献的数据进行忽略。晶体相互重叠或黏附的情况可以通过多种方式处理，当单个晶体足够大时，它们在偏光显微镜下看起来很明显，当观察到重叠、成簇或分裂的

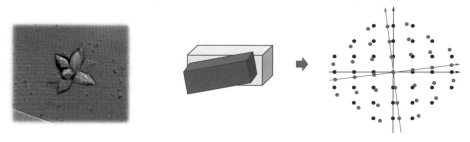

图 8-2　可见孪晶及其衍射示意图

晶体时，可以尝试通过使用环（loop）或小针将其与簇的其余部分轻轻分离以收获单个样本，从而避开这种孪晶对收集数据的影响。

缺面孪晶是晶体内部部分区域蛋白质分子的生长方向不同而导致的孪晶。这种不同可以通过晶体的对称性来精确描述。这种情况下，来自不同取向区域的反射将会完美叠合在一起，使得衍射图案看起来很正常。如图 8-3 所示，蓝色区域表示的是一种取向，而黑色区域正好是蓝色区域通过 2 倍旋转形成的缺面孪晶，它的倒易晶格和蓝色区域的倒易晶格正好符合 2 倍旋转对称，但是在它们形成孪晶时，信号会完美地叠加在一起，使重合部分的强度增强。这只有在同时满足两个条件时才有可能：首先，晶格的旋转对称性必须高于空间群的旋转对称性；其次，孪生区域之间的相关性必须是通过晶格的对称操作来实现的，而非依赖于晶体的空间群。对于四方晶系、三方/六方晶系以及立方晶系中的某些空间群而言，这种情况是有可能发生的。此外，如果晶格的尺寸服从特定约束，则对称性较低的晶格可能会发生"伪缺面"孪晶。例如，斜方晶体中如果 $a \approx b$，使晶格近似为四方，这时可以产生"伪缺面"孪晶；单斜晶体中如果 $\beta \approx 90°$，使晶格近似正交，也可以产生"伪缺面"孪晶。

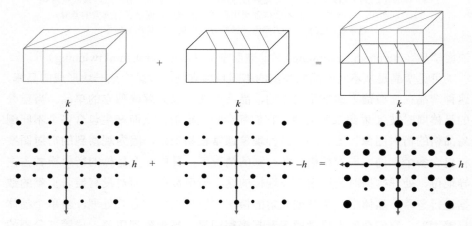

图 8-3　缺面孪晶示意图

缺面孪晶是一种较为常见的晶体缺陷，因为两种不同晶格衍射强度的叠加，它很容易被忽视，这可能会妨碍从看似正常的数据集中进行结构确定工作。由于此类孪晶之间相关晶格的完美叠加，即使经过仔细检查，缺面孪晶晶体的衍射图案在视觉上也不会出现异常，并且此类晶体在检索（index）数据时通常没有明显的晶体缺陷警告。只有多尝试几种统计测试方法才有可能判断出缺面孪晶。不过目前很多分析软件已经将这些统计方法整合到程序里面，一旦确定了缺面孪晶，可以很快对其衍射数据进行检索和整合。

非缺面孪晶是晶体内两个相关的区域在晶胞方向上取向不一样导致的孪晶（图 8-4）。这种孪晶产生的衍射图案相互完美地穿插在一起。这种孪晶看起来没有异常，但是衍射图案通常在三维空间上包含两个不同的穿插在一起的晶格。在数据解析时，如果衍射点得到合理解析并且一个方向占主导地位，则通常可以单独检索并整合。SHELXL 提供了在对此类孪晶无法分离时的优化方法。

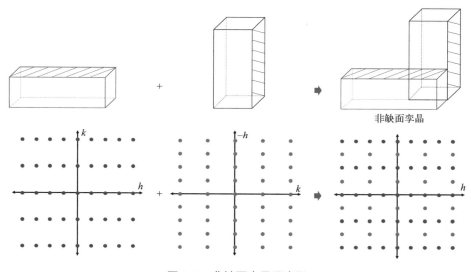

非缺面孪晶

图 8-4　非缺面孪晶示意图

上述孪晶的统计测试方法已经被整合到多个分析软件中，用于蛋白质晶体衍射数据的简化和分析。CCP4 的用户可以使用程序 Ctruncate 执行孪晶的测试，Phenix 的用户可以使用 Xtriage 执行测试。

8.1.1.3　非晶体对称（non-crystallographic symmetry）

在 6.1 中已经介绍过 NCS 是一种存在于非对称单元中多聚体之间形成的对称关系，这种对称关系如果和晶体对称关系平行时，将会对晶体对称产生干扰，当相位相同时这种干扰会加强晶体的衍射强度，相位相反时会减弱晶体的衍射强度。因此，晶体的衍射图案中包含 NCS 的冗余信息时如果不进行处理，会影响数据的准确性。在蛋白质结构中多聚的现象很常见，PDB 数据库中约 80%的蛋白质结构是多聚的，其中二聚体的占比最大，因此蛋白质晶体数据中出现 NCS 的概率也较大。在考虑 NCS 之前，确定非对称单元中的多聚数（copy 数）很有必要。可以通过计算马修斯系数来推断出非对称单元中的多聚数和水分含量，晶体中的水分含量一般为 25% ～ 80%。

8.1.1.4　各向异性（anisotropy）

各向异性是由于晶体中晶格接触的模式而产生的，这可能会导致分子沿不同方向的相对排序发生变化。衍射图案中各向异性的体现就是高分辨率的点（或衍射强度）在各个方向的分布不一样，即数据质量在各个方向有明显的差异性。如在垂直方向上的数据分辨率能达到 2Å，而在水平方向上只能达到 5Å。各向异性由 Delta-B 来表示，当 Delta-B 的值大于 $50Å^2$ 时认为各向异性较为明显。它归因于晶胞的全身各向异性振动，例如晶体堆积相互作用在一个方向上比在另一个方向上更均匀。

针对比较轻微的各向异性，Refmac 和 Phaser 中的自动各向异性缩放算法可以充分处理。但是，当分辨率中的方向依赖性变得强烈或严重时，细化可能会导致 R 居高不下，并且电子云密度图可能看起来和模型（model）吻合得不好，从而阻碍模型构建工作。各向异性通过两种方式来影响 R 因子（R-factor），第一就是在各向异性数据中收集了大量测量不佳的衍射数据（即 F/sigma 小于 3.0）。因为它们占数据集的很大一部分，所以各向异性优化中的 R 因子往往很高。这是因为在处理数据的过程中如果希望包含好的衍射方向上的所有反射，那么也会把高于弱衍射方向上的反射包含在内。换句话说，处理数据时分辨率的截取是球形的，而各向异性的衍射图案的强度是椭圆形的。该问题的解决方案是在数据上施加椭圆体分辨率边界，而不是传统的球面边界，以便优化过程中从数据集移除落在椭圆体边界之外的弱反射，此过程称为椭圆截断（ellipsoidal truncation）。这相对于 F/sigma 这个方法，在数据选择时更具选择性。椭圆截断仅在高分辨率边界去除弱反射，而 F/sigma 方法会同时去除高分辨率和低分辨率的弱反射。这些弱强度反射在结构细化中起到了重要的限制作用。相反，高分辨率下的弱强度反射更可能是晶体无序的结果，而不是晶体中原子的特定排列。去除这些测量不佳的强度相当于去除数据集中的噪声。第二种影响方式就是降低电子云密度图的分辨率，从而阻碍模型构建。这是因为在数据处理的过程中将与分辨率相关的同一个比例因子应用于数据集的三个主要方向来消除数据集中的各向异性，从而使结构因子的大小在所有三个维度上以相同的速率随着分辨率而减小。实际上，弱衍射方向上的反射幅度按比例放大，而强衍射方向上的反射幅度按比例缩小。此过程的不良作用是晶体强衍射方向上的高分辨率反射减弱到它们对电子云密度图的贡献很小的程度，因此，电子云密度图中缺乏细节。用于纠正这方面问题的解决方案是将负的各向同性 B-factor 应用于数据集，以将高分辨率反射的幅度恢复到其原始值。

8.1.2 数据质量相关的常见概念

8.1.2.1 数据完整性

一套完整的数据集应包含非对称单元内的所有反射，以实现晶体特定对称性的确定。高分辨率的壳层完整度（highest shell completeness）很低，有时候对结构解析影响也不大。部分期刊对晶体学数据可接受的完整度有明确规定，如 JBC 杂志要求高分辨率的壳层完整度必须大于 75%，否则，分辨率可能不可靠。完整度是数据质量的基础，分子置换需要较低分辨率的数据完整性，用于确定初步相位（phase），而高分辨率的数据完整性决定着数据的细节，在精修结构的时候，高分辨率的数据完整性对数据质量的影响较大。因此，低分辨率完整性决定了蛋白质的基本形状，而高分辨率数据完整性决定了侧链构象的细节信息。有些研究人员为了追求高分辨率，导致高分辨率下的数据完整性很低，这种情况下解析的结构不一定准确。因此，在确定分辨率的时候需要和数据完整性结合在一起进行取舍，既要保证低分辨率下的数据完整性，又要考虑高分辨率下的数据完整性。

8.1.2.2 冗余度

每次衍射实验都会测量到成千上万个反射强度。因为晶体内部的分子具有较高的对称性，所以很多衍射点强度是等价的。针对每个单独衍射点（对称性上的独有反射）的平均测量次数称为冗余度（redundancy/multiplicity）或多重性[3]。因为每次反射的测量都有一定的误差，冗余度越高，平均反射强度的最终估计就越准确，这通常由 R_{merge} 判断。

R_{merge} 表示同一反射的测量值与该反射的平均测量强度有多少不同［计算公式如式（8-1）所示］。R_{merge} 越大说明对同一反射的测试值越不相似，在选择高分辨率的反射点时，就需要考虑排除 R_{merge} 较大的点，一般界限设在 40% ～ 60%。R_{merge} 具有内在的缺陷，因为它的测量依赖于多重性，也称为冗余度[4]。尽管测量的精度升高，R_{merge} 的值也会随着对同一反射测量次数的增加而增高。R_{meas}［计算公式如式（8-2）所示］是对 R_{merge} 的一种修正，解决了多重性的问题，即使 R_{merge} 增大，R_{meas} 也不会随着测量次数的增加而变化。因此 R_{meas} 反映的才是真正的测量精度，而不依赖于反射测量的多重性。但是，很多结构生物学家不喜欢 R_{meas}，虽然 R_{meas} 表示的是更真实的测量精度，但是通常会比 R_{merge} 高，而研究者错误地认为这个值越低越好。

$$R_{merge} = \frac{\sum\limits_{hkl}\sum\limits_{i=1}^{n}|I_i(hkl) - \overline{I}(hkl)|}{\sum\limits_{hkl}\sum\limits_{i=1}^{n}I_i(hkl)} \tag{8-1}$$

$$R_{\mathrm{meas}} = \frac{\sum\limits_{hkl} \sqrt{\dfrac{n}{n-1}} \sum\limits_{i=1}^{n} | I_i(hkl) - \overline{I}(hkl) |}{\sum\limits_{hkl} \sum\limits_{i=1}^{n} I_i(hkl)} \tag{8-2}$$

$$R_{\mathrm{pim}} = \frac{\sum\limits_{hkl} \sqrt{\dfrac{n}{n_{hkl}-1}} \sum\limits_{i=1}^{n} | I_i(hkl) - \overline{I}(hkl) |}{\sum\limits_{hkl} \sum\limits_{i=1}^{n} I_i(hkl)} \tag{8-3}$$

R_{merge} 和 R_{meas} 表示的是未整合之前单个反射的测量精准性。针对已经整合的反射用 R_{pim}（precision-indicating merging R-factor）来表示［计算公式如式（8-3）所示］。R_{merge} 或 R_{meas} 通常与信噪比［$I/\sigma(I)$］一起用作分辨率截止值。通常，如果 R_{meas} 升至 60% 以上或［$I/\sigma(I)$］降至 2 以下，则反射将被认为不够好，无法用于进一步的数据解析中而被丢弃，这是确定在何处截断数据的常用方法。然而，也有研究人员发现将［$I/\sigma(I)$］低于 1 且 R_{meas} 远高于 100% 的弱高分辨率数据纳入细化有时可能是有益的，因此数据的截断还需综合考虑。

8.1.2.3　皮尔逊相关系数

皮尔逊相关系数（Pearson's correlation coefficien）$CC_{1/2}$ 是另一种用于截断分辨率的参考参数。$CC_{1/2}$ 基于将完整反射集随机划分为两个相等的部分，计算两个子集的强度估计之间的相关性（即，一半数据预测另一半的程度）。值 1 表示完全相关，而 0 表示完全没有相关性。在低分辨率（测量最强反射）下，相关性约为 1，随着分辨率不断升高（测量最弱反射），相关性下降，最后接近零。

8.1.2.4　平均信噪比

信噪比指的是信号强度和背景强度之间的比值，值越大说明信号相对于背景越强，衍射强度就越强。当信噪比低于一定的程度时，就很难分辨出是信号还是噪声，因此 $I/\sigma(I)$ 用于衍射点选择和高分辨率值的截取。通常 $I/\sigma(I)=2.0$ 用于分辨率选择的界限值。然而，也有研究者发现一些弱反射包含着很重要的结构信息。几项实际测试证实，非常弱的反射的存在不会损害精制结构模型的质量，但尚不清楚它们的益处有多大。可见，数据分辨率限制的选择仍然是一个相当主观而非高度客观的决定。

8.2　原始数据处理

从同步辐射光源收集到的数据包括上百张包含晶胞参数、衍射强度、对称性等信息的二维衍射图。为了进一步解析蛋白质结构，必须要对其进行处理并使其形成一个三维的数据集，这样才能将其中的衍射强度通过傅里叶转换变成电子云密度图，最终进一步解析出蛋白质结构。此过程类似于用核磁共振技术（MRI）对大脑扫描拍片（图 8-5），先是一层一层地对大脑不同的横截面进行扫描，然后叠合成三维的大脑结构。蛋白质晶体的衍射数据收集也是对不同的晶格平面进行收集，这种收集是通过旋转晶体来完成不同角度的扫描的，然后把二维的数据整合成一个三维的晶格数据。

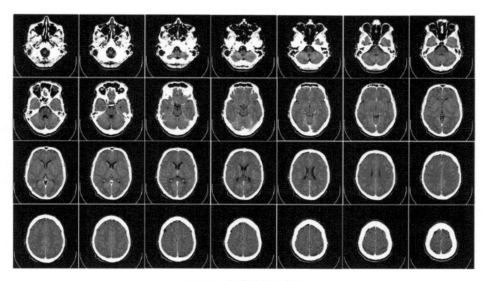

图 8-5　大脑核磁扫描图

在光源的大分子晶体线站通常会配备自动数据处理流程，上海光源的大分子晶体线站配备了 HKL2000、XDS、DIALS、Xia2 等自动处理程序，在收集完数据后这些程序会自动处理数据，最后生成已经处理好的电子云密度图文件（MTZ 文件），用户在拷贝原始数据的同时可以把这些处理好的数据拷贝走，这对解析结构节省了很多过程，尤其是对蛋白质晶体学的初学者省去了很多处理步骤。但是当数据质量不高时，自动处理的结果并不一定准确，用户需要在后期进一步分析并重新处理，因此掌握原始数据的处理过程很重要。原始数据的处理过程主要分为以下几个部分：

8.2.1　数据检索

检索（index）过程是给衍射图案中的衍射点指定米勒指数，同时确定晶体的取向。检索过程中可以从 1 ～ 2 张衍射图中确定出晶胞的参数。

如 7.4 节所述，用户收集的每一帧数据不仅包含了衍射点和其强度信息，也涵盖了晶胞参数和晶体对称性的相关信息。其中真实空间中的 100 平面的间距 d 正好为晶胞中 a 轴的大小，010 平面的间距 d 正好为晶胞中 b 轴的大小，001 平面的间距 d 正好为晶胞中 c 轴的大小，这三个平面对应倒易空间中的 100、010、001 三个衍射点。而我们也知道在倒易空间中的衍射点到衍射图中心的距离 d^* 正好为 1/d。因此，只要在衍射图案中找到 100、010、001 三个衍射点并计算出其与中心点的距离，就可以计算出晶胞的轴参数。此外，100 平面的衍射角 θ 正好为晶胞的 γ 角，010 平面的衍射角 θ 正好为晶胞的 β 角，001 平面的衍射角 θ 正好为晶胞的 α 角。根据布拉格方程 $2d\sin\theta = n\lambda$，当晶格平面间距 d 和波长 λ 确定时就可以计算出衍射角（$n=1$）。使用如 HKL2000、XDS、Mosflm 等数据处理软件，可以便捷地根据 1 ～ 2 张衍射图计算晶胞参数。

检索的过程首先是根据计算出的晶胞参数推断出可能的布拉维格子，然后根据点群确定空间群。下面以 Mosflm 软件来说明数据检索的过程。Mosflm 软件的界面如图 8-6 所示，它整合了原始数据处理的整个流程，主要分为 Image

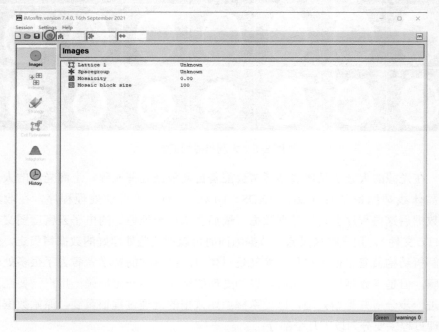

图 8-6　Mosflm 的软件界面

（导入衍射图）、Indexing（晶胞参数检索）、Strategy（数据完整性等分析）、Cell refinement（晶胞参数优化）、Integration（数据整合）五个模块。首先需要在 Image 界面下将原始衍射图通过点击红色圈标记的按钮导入到 Mosflm 中。在选择衍射图的时候只需要选择一套数据中的第一张图，Mosflm 将会自动把其他衍射图全部导入。在数据导入的同时，Mosflm 自带的 Image Viewer 会自动启动，用于展示衍射图。其界面如图 8-7 所示，可以通过左右箭头来切换不同的衍射图，也可以直接在 Go to 里面输入衍射图的编号直接切换到那一张。此外该 Image Viewer 还有自动标记、自动添加未检索到的衍射点等功能，同时还能放大衍射图至看到相似的衍射强度。

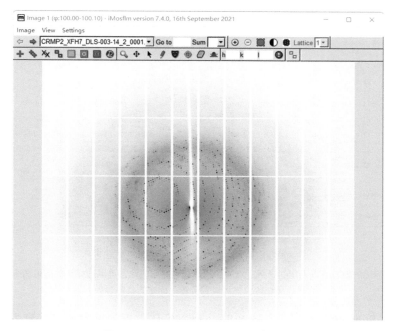

图 8-7　Mosflm Image Viewer 的界面

　　导入原始数据后，点击"Indexing"进入检索界面（图 8-8）。Mosflm 会自动选取 1 ～ 2 张不同角度的衍射图，基于计算出的晶胞参数，自动预测可能的布拉维格子类型。这个预测的结果有多种可能性，预测结果按 Penalty（Pen.）值排序，较小的 Pen. 值意味着更高的匹配度和可靠性。选定布拉维格子后，可在"Spacegroup"中选择对应空间群，并预估镶嵌度值，较低值表明更高的数据质量。不满意自动检索结果时，可手动选择衍射图重新检索。若需调整检索精确度，可在"Image Viewer"中手动添加或删除衍射点，并调整斑点发现阈值等参数。已知晶胞参数的情况下，可直接输入这些参数以优化检索。如输入斑点发现的阈值、斑点大小的界限值、斑点间最小距离、信噪比阈值等，以改善衍射点的选择精确性。如果通过前期实验或者文献已经知道此类晶体的晶胞参数，可以直接输入参数后再检索。

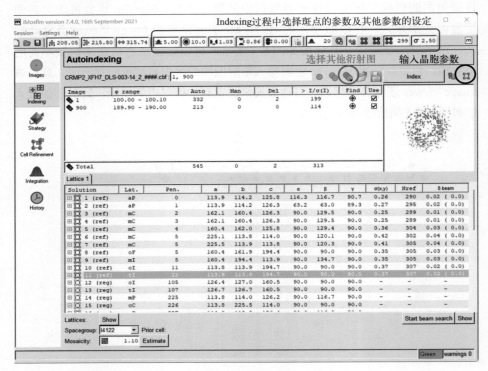

图 8-8　Mosflm 软件的 Indexing 界面
（蓝色标记的地方可以设定选择衍射点的参数，红色标记的地方可以选择其他衍射图来检索，黑色标记的地方可以直接输入确定的晶胞参数）

在"Strategy"界面（见图 8-9），可以确认数据的完整性，并查看不同分辨率下的数据完整性以及数据的多重性等重要参数。应优先保证高分辨率数据的完整性。在此基础上，可以通过选择圆饼图中特定角度范围的数据来进一步精简数据集。若需查看数据收集的具体角度（φ），可返回到"Images"界面查阅数据旋转的 φ 角度详情（图 8-10）。以 CRMP2 蛋白质晶体数据为例（Spacegroup $I4_122$），在高低分辨率下的完整度均接近 100%。数据是从 100° φ 角开始，以 0.1° 为单位旋转收集，共计 140°，得到 1400 张。通过在圆饼图中调整旋转角度范围，我们评估了数据完整性的变化。如果选取 100°～240°之间的部分数据后完整性未变，意味着可以通过减小旋转角度来节约时间或减少晶体辐射损伤。

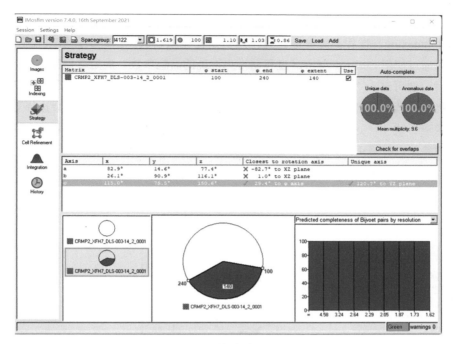

图 8-9　Mosflm 软件的 Strategy 界面

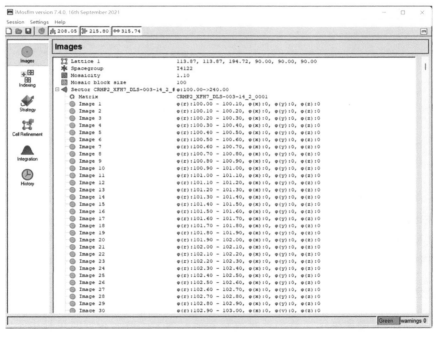

图 8-10　Mosflm 软件中查看收集数据的旋转角度信息

在图像整合前，精确确定晶胞参数是至关重要的一步。虽然通过自动检索（autoindexing）过程晶胞参数已经得到初步优化和确认，但是当分辨率较低时，可以通过使用 Cell refinement 过程获得更准确的晶胞参数。满足数据完整性等要求后，便可进入"Cell refinement"界面（图 8-11）。Cell refinement 是一个自动化优化流程，仅需点击"Process"即可启动。与初步检索相比，它会选择更多图像进行优化，这些图像可以是自动选取的，也可手动添加。优化后将会对晶胞的参数进行修正，让其变得更加精确。

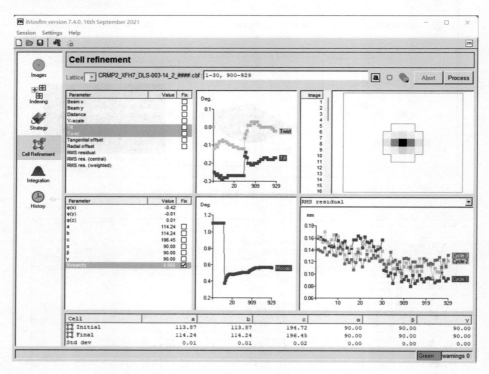

图 8-11　Mosflm 软件中 Cell refinement 的界面

此外，在检索的过程中检测器参数对检索的准确性非常重要。收集的衍射图案标题包含的实验参数信息有时不一定准确，因此当检索不成功时，检查这些实验参数是应该想到的第一个补救措施，为检测器参数定义正确的起始值对于获得准确的检索结果很重要。在 Mosflm 中的 Setting 里面可以设置相关参数。

8.2.2　数据整合

原始衍射图案展示了检测器接收到的衍射信号，放大观察时可见由不同像素点构成的深浅斑点（图 8-12）。衍射点的像素是由多个芯片记录的信号构成的，例如，图 8-12 中，图（a）的衍射点由 16 个像素（红色标记）组成，图（b）则由 21 个像素（红色标记）组成。这些像素值不仅包含了衍射强度，还包含着一定的背景信号，如旁边那些浅灰色的点，虽然没有记录信号，但是仍然有一定的背景值。同时，这些衍射点对应的米勒指数还不清楚。这样的原始数据无法通过傅里叶转化为电子云密度图。因此，数据整合（integration）的主要目的是将每个衍射点的像素值转化为衍射强度并进行矫正。这个过程包括估计整个数据的平均背景值、估计斑点的面积、计算每个衍射点的像素值、扣除背景值等。

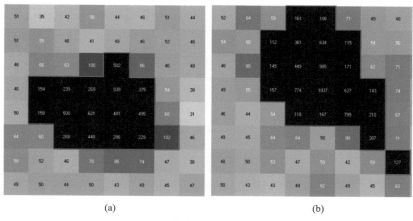

图 8-12　衍射点包含的像素信息

数据整合的方法有两种，软件 Mosfim 和 HKL2000 整合的过程是将每张衍射图案单独处理并计算出每张图上每个点的强度并导出一个结果，这些单独的结果再结合其他方法整合到一起，这种方法称为 2D 整合。而其他软件如 XDS 和 Saint 先将所有的衍射图案整合在一起去计算每个点的衍射强度，最终将每个点转化为一个总的衍射强度，这样的方法称为 3D 整合。

Mosflm 中数据整合界面如图 8-13 所示。这个过程只需用户点击"Process"后即可自动完成。待完成后，可以看到每张衍射图与相关参数的关系图。右下角还会给出数据整合过程中是否符合标准的提示，如果某些结果超出预警值，这里就会变成红色，并以 warning 的形式提示具体哪些参数超标，双击后会给出解决的建议，用户可以根据建议重新设定参数来优化这个过程，直到所有参数都在合理范围内（红色变为绿色）。

8.2.3　数据合并和简化

在采用 2D 整合方式进行数据整合时，所生成的未合并数据（unmerged data）记录了每张图上各衍射点的强度。此外，同一个衍射点的信号会经常分散在多

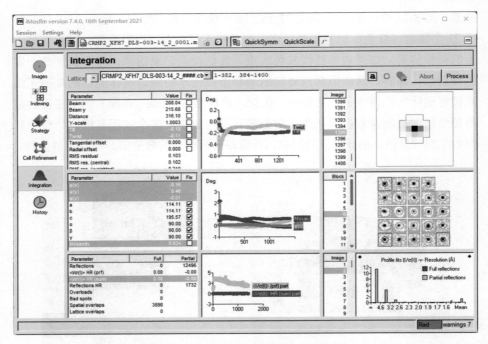

图 8-13　Mosflm 软件中 Integration 的界面

张衍射图案中，需要将每个衍射点的衍射强度合并起来，才能形成一个 3D 的数据结果。

在数据整合并和简化（merging & data reduction）之前，还需要对未合并数据进行标准化处理（scaling），这也是对数据进行再次的校正。这是因为在实验过程中存在以下问题：①晶体不是球状的，因此被 X 射线照射到的体积随着晶体的方位在改变，即某个角度下暴露在 X 射线下的体积较大，而某个角度下暴露在 X 射线下的体积较小，而通常大的体积产生更强的衍射，这就导致不同角度下数据的不均衡性。②辐射损伤会导致晶体的衍射随着测试的不断进行而发生衰减，这也会导致前后收集的数据的不均衡性。③检测器是多个芯片组成的，每个芯片对 X 射线的反应灵敏度不一样。上述情况会导致每张图的数据不均衡，因此需要标准化处理这个过程来消除这些因素导致的差异，把每个实验数据尽可能地调整，就好像它是理想仪器对理想晶体测量的结果一样。

数据合并和简化最常采用的工具是 Aimless。其已经整合到 CCP4 中，处理完未合并数据后，Aimless 会产生一个简化且合并的 MTZ 文件，这个文件的大小相对于 unmerged MTZ 文件小很多。这时的文件就可以用于下一步的分子置换等数据解析过程。此外，CCP4 中的 Aimless 还整合了数据分析、强度转化为振幅、Free R 计算等过程。

8.2.4 数据质量判断

处理完的原始数据最终会产生一个包含每个衍射强度的 MTZ 文件，有 unmerged MTZ 文件，也有 merged MTZ 文件，它们包含的信息不一样（参考 8.2.3）。在进行分子置换等进一步解析前，必须分析数据质量，判断是否存在孪晶、高镶嵌度、NCS 等晶体缺陷，同时也要对数据的完整性是否达标、空间群是否准确、分辨率的截取是否得当等问题进行再次分析。

对数据质量的分析方法有很多，其中 CCP4 中的 Aimless 在做完数据的简化之后也会给出数据的分析报告（图 8-14）。其中包含了对空间群、孪晶、各向异性、冰圈、NCS 和 tNCS 等的分析并给出了结果。

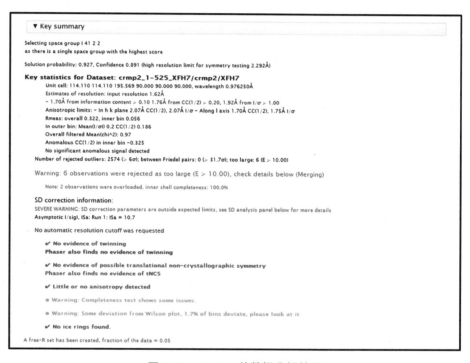

图 8-14　Aimless 的数据分析结果

Phenix 套件中的 Xtriage 是一款高效的数据质量分析工具，分析 MTZ 文件后，可标识存在的问题并给出相应的数据状态颜色提示，如红色表示问题，绿色表示数据满足要求。图 8-15 分析的结果显示这组收集的数据存在明显的 tNCS，因此在后续的处理过程中要考虑 tNCS 对数据的影响。

除了上述方法外，CCP4 中还有别的评估数据质量的方法，如 calculate self rotation function，同样可以对数据质量进行分析。

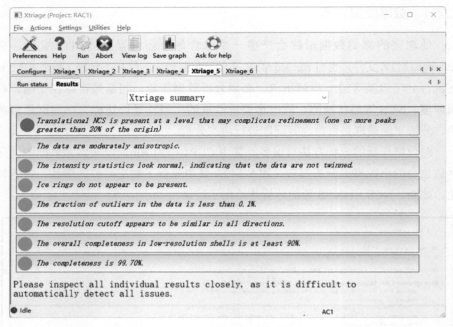

图 8-15　Xtriage 分析结果展示

8.3　相位的确定

8.3.1　相位问题

蛋白质晶体学的目的就是通过衍射实验建立最终的分子模型（图 8-16）。建立分子模型首先需要计算出每个原子对应的电子云密度（ρ）。从蛋白质晶体学发生 X 射线衍射的基本原理可以发现，这种衍射是 X 射线的光子激活蛋白质原子的核外电子并引发的散射，因此产生的衍射强度与原子核外的电子密切相关。

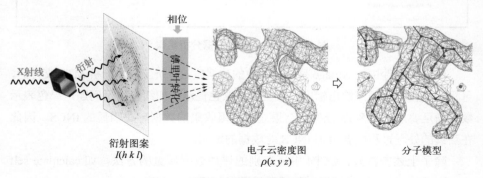

图 8-16　蛋白质晶体学数据解析流程

基于这种衍射强度与电子云密度之间的关系，可以通过傅里叶转化计算出电子云密度（ρ），其计算公式如下：

$$\rho(x\,y\,z) = \frac{1}{V}\sum_{hkl}|\,F(h\,k\,l)\,|\exp[-2\pi i(hx+ky+lz)+i\alpha(h\,k\,l)]$$
（8-4）

式中，$F(h\,k\,l)$ 为衍射点 $(h\,k\,l)$ 对应的振幅；$\alpha(h\,k\,l)$ 为相位角。

$F(h\,k\,l)$ 可以根据式（8-5）计算，其为衍射强度 $I(h\,k\,l)$ 的平方根，但是收集数据的过程中相位是丢失的，这就是晶体学中的相位问题（phase problem）[5,6]。

$$I(h\,k\,l)=|F(h\,k\,l)|^2$$
（8-5）

相位问题的产生是因为检测器检测到的是二维的衍射信号，并不能确定产生这些衍射信号相长干涉的散射波发出的初始位置在哪里，这样我们就无法确定原子的位置。因此没有相位，我们就无法解析结构[7]。

可见，晶体最终的结构由衍射强度（或振幅）和相位两个参数来决定。但是在傅里叶转换（FT）的过程中发现，相位在解析结构中发挥更重要的作用，这种现象称为相位偏差（phase bias）。这里结合傅里叶鸭子（Fourier duck）和傅里叶猫（Fourier cat）来进行说明（图 8-17）。首先让代表衍射强度的傅里叶鸭子和代表相位的傅里叶猫通过傅里叶转换（FT）之后各自得到自己的转换图，然后将两个动物的转换图合并成一种图，再通过傅里叶逆转换（Inverse FT），最后发现傅里叶猫的形状还清晰可见，但是傅里叶鸭子的形状已经看不清，说明相位对最终结果的贡献清晰可见，而信号强度的贡献已经消失。在实际的数据解析中，衍射强度和相位在处理的过程中都存在一定的误差，衍射强度的误差主要来源于衍射点像素的计数、背景值的确定等过程。相位的误差来源于实验误差或分子置换中模版分子与目标结构的差异性。衍射强度的误差对最终结

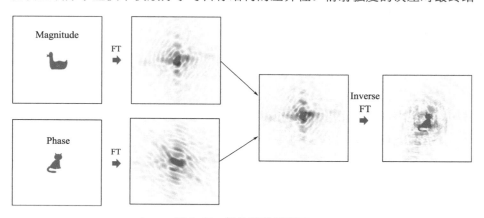

图 8-17　相位偏差示意图

［鸭子（Fourier duck）代表数据的信号强度（magnitude），猫（Fourier cat）代表相位（phase）］

构的影响较小，而相位的影响非常大。如我们做分子置换时用的模版分子是野生型的结构，而晶体中的结构是突变型的结构，置换后却发现即使氨基酸突变成另一个氨基酸了，但是此处的电子云密度图虽然不能 100% 和突变的氨基酸吻合，但是也有 60% 的吻合度。这就是相位的重要性，这将在后面的分子置换中进行进一步讲解。

8.3.2 解决相位的方法

解决相位的方法分为分子置换（molecular replacement）和实验方法，而实验方法又包括同晶置换（isomorphous replacement）、多波长反常散射（multiple wavelength anomalous diffraction，MAD）、单波长反常散射（single-wavelength anomalous diffraction，SAD）等。

8.3.2.1 分子置换

分子置换是用和晶体蛋白质相似度较高的同源性蛋白质结构作为模板来解决初始相位的一种方法。首先让同源性蛋白质作为模版分子安放在合适的方向和位置上，然后将基于模版分子计算出的相位和基于衍射强度计算出的结构因子振幅结合起来就可获得含有相位的电子云密度图，从而可解析出准确的结构。随着被解析的蛋白质结构越来越多，可提供的同源性蛋白质结构的数量也越多，从而使得这种方法成为所有解决相位方法中最简便、应用最广泛的方法。据统计，PDB 数据库中约 2/3 的蛋白质结构是通过这种方法来解析的。另外随着 AlphaFold 等蛋白质结构预测方法精准性的不断提升，让预测的结构作为分子置换模板的解决思路也会让分子置换发挥更大的作用。在突变结构、药物-蛋白质复合物结构等研究中因为通常已经知道蛋白质的野生型结构或 apo 结构，因此分子置换成为研究上述内容的常用方法。

分子置换需要在未知的晶体结构中寻找模版分子的正确方向和位置。这种正确位置的搜索可以通过多维度随机搜索或旋转加平移（Rotation-translation）搜索。多维度随机搜索方法是一种基于蛮力全局搜索的方法，即将模版分子放置在未知晶胞中不对称单元中的每个网格点不同的方向上，并计算 R-factor，最后根据评分的排名寻找最佳解决方案。在计算过程中包括搜索和计算 R-factor 两个过程。这种方法导致的计算量非常巨大，比如一个边长为 100Å 的立方晶胞中，在三个方向上按 1Å 的格子进行计算，需要计算的次数为 $100^3 \times 360^3 = 4.7 \times 10^{13}$ 次，如此大的计算量对 R-factor 和搜索的计算速度要求更高，不然就会耗费巨大的计算资源和时间。随着计算方法的不断优化（如傅立叶变换插值法大大加快了 R-factor 的计算时间，遗传算法中的进化搜索算法加快了位置搜索的速度），基于多维度随机搜索的方法也用于分子置换。其中 EPMR 程序就是一种基于遗传算法的分子置换程序。

旋转加平移搜索方法将搜索分为两个不同的阶段，首先通过三维旋转搜索模版分子的正确方向，然后在三维平移搜索中确定模版分子在单元格中的正确位置。这些方法建立在帕特森（Patterson）方法的基础上。

在分子置换中，模版分子代表的是相位，因此 Model 的正确与否会很大程度地影响结构的准确性。由于模版分子导致的误差称为模版偏差（model bias），如图 8-18，鸭子代表模版分子，猫代表晶体里面的实际内容，也就是试验值或衍射强度，待它们经傅里叶逆转换后，再把两者合并并进行傅里叶转换，发现最终的结果更像鸭子。这个过程就是分子置换过程，模版分子放入衍射的强度数据中后，将会寻找一个合适的方向和位置，最终让模版分子的相位（calculated phase）接近于真实空间的相位，如此才会产生一个合理的密度图。因此，模版分子代表的相位越接近于真实空间的相位，解析的结构就越精确，即鸭子长得越像猫，最终的结果越精确。

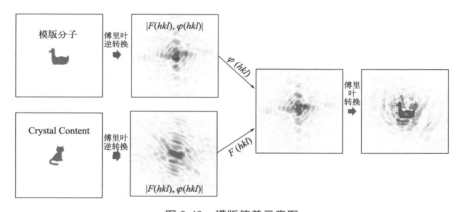

图 8-18　模版偏差示意图

检查 Model Bias 的一种简单方法就是在分子置换之前删除模版分子中的一部分区域，如一段 a-helix，然后做完之后检查这段区域的电子云密度图，如果这段区域出现了针对删除区域的合理的电子云密度图，说明模版分子没有 Model Bias，是一种合理的旋转，如果没有出现相应合理的密度图，说明模版分子选得不对。选择模版分子根据研究目标分为两种情况：对于已知蛋白质（如突变或药物-蛋白质复合物结构）直接采用 PDB 数据库的 apo-structure；对于未知蛋白质，需在 PDB 中寻找同源性高的结构作为模型。一般序列相似性大于 30% 的 PDB 结构可作为模版分子进行尝试，相似度越高，解析的成功率越高。此外，还可以尝试用 AlphaFold 预测的结构作为模版分子来尝试。

为了让模版分子更靠近真实空间的内容，需要将从别的试验值中（PDB 数据库）确定的模版分子进行处理：①从 PDB 数据库中下载的 model 通常含有溶剂分子，除了一些保守区域的水分子之外，其他区域的溶剂分子通常存在差异。因此建议删除 model 中的溶剂分子。②柔性区域，尤其是卷曲结构（loop）在现实中存在多种动态构象，实验得来的柔性区域通常是一瞬间的结构，换个时间点或者换个实验条件会导致柔性区域构象的变化。因此如果模版分子中含有丰富的柔性区域，建议在做分子置换前删除这些区域。③模板中要是含有由 loop 链接的多个区域时，建议将模板分成多个单独的区域分别进行搜索。④置换前，需要确定非对称单元中蛋白质分子的数量，称为拷贝数（Copy 数），这也表示着非对称单元是单聚体、二聚体、三聚体、四聚体或其他多聚体。确定拷贝数的方法主要有三种：第一种是参考 PDB 中同类蛋白质的聚集情况，如果有已报道的结构，可以参考其拷贝数量。第二种可以通过计算马修斯系数来预测可能含有的拷贝数。第三种可以通过实验来确定，如通过分子排阻色谱来确定蛋白质在溶液状态下的分子量，但是需要明白，有些蛋白质在不同的浓度下会表现出不同的聚集状态，即低浓度下（分子排阻实验）和高浓度（晶体培养）下的聚集状态不一样。另外还可以通过计算分子表面的相互作用来预测分子可能的聚集状态，通常用 PISA 来分析。

分子置换的常见程序有 Phaser 和 MOLREP。Phaser 是最常用的分子置换程序，目前已经被整合到了 CCP4 和 Phenix 套件中。Phaser 通常又分为基础版本和专业版本，基础版本适合于模版分子和目标分子相似度较高，且收集的数据质量较高时的分子置换。不需要额外设定其他参数，只需要准备好 MTZ 强度文件和模版分子文件。专业版适合于较为复杂的分子置换，可以设置更多的参数。

MOLREP 是 CCP4 套件中较为常用的分子置换方法。MOLREP 相对于 Phaser 来说对数据的要求更高一些，对于一些数据冲突的解决没有 Phaser 那么宽松，因此如果处理不得当的数据用 MOLREP 做分子置换经常会不成功。

8.3.2.2　实验方法

实验方法主要的原理就是利用蛋白质结构中一些与常见 C、N、O 等原子不一样的原子来衍射出不同的信号，然后根据差异判断出这个差异原子的位置。这些原子可以是蛋白质本身含有的一些重原子，如 S、硒代半胱氨酸中的硒原子等，也可以是浸泡（soak）到蛋白质晶体中的外源性重原子。标记的这些重原子相对于同晶结构会产生差异信号。差异信号反过来意味着不同的原子散射因子，因此相对于参考结构具有不同的结构因子幅度和不同的强度。然后使用差异数据来确定电子差异的来源，即标记原子的位置。通过在有和没有来自标记原子的贡献的数据集之间创建差异强度，最初的问题被简化为解决几个标记原子的子结构，而不是整个蛋白质结构中几千到几万个原子的结构。这种实验方法主要分为以下两种：

（1）同晶置换（isomorphous replacement）[8,9] 通常是让晶体浸泡一种已知的重原子，从而产生一种衍生晶体（derivative crystal），然后通过比较衍生晶体和原生晶体（native crystal）之间的衍射强度差异来确定重原子的位置，从而再进一步确定蛋白质的相位。根据在解析过程中使用多少个衍生晶体的数据可将同晶置换分为单对同晶置换（single isomorphous replacement，SIR）和多对同晶置换（multiple isomorphous replacement，MIR）。这种方法的缺点就是所有的差异需要来自衍生晶体和原生晶体之间，意味着需要收集多组数据方可完成。

（2）反常散射[10] 即利用蛋白质本身含有的重原子（如 S、Se 等）的异常信号来确定重原子的位置。如果这种重原子的信号可以被用于散射蛋白质的同一 X 射线波长所检测到，就可以用单波长反常散射（single-wavelength anomalous diffraction，SAD）来检测这种异常信号，如果这种重原子的信号不在用于散射蛋白质的 X 射线波长范围内，需要不同的波长来收集数据，这种方法称为多波长反常散射（multiple wavelength anomalous diffraction，MAD），MAD 方法需要线站有可调节波长的光源（tunable X-ray wavelengths）方可。

8.4 电子云密度图

8.4.1 差异密度图

根据式（8-1），只要确定了相位，就可以通过傅里叶转换计算出电子云密度。通常把从衍射实验获得的密度图称为 F_o 密度图，o 为 observation，把从模版分子计算出来的密度图称为 F_c 密度图，c 为 calculation。在解析过程中，需要通过不断缩小 F_o 和 F_c 之间的差异来获得更加精确的结构。这种实验获得的密度图和计算得到的密度图称为差异密度图（difference map）。在解析蛋白质晶体结构时常用 $2F_o-F_c$ 和 F_o-F_c 两种差异密度图（图 8-19）。$2F_o-F_c$ 这种密度图是 2 倍的 F_o 减去 1 倍的 F_c 计算得来的，如果 $F_o \approx F_c$ 时，$2F_o-F_c \approx F_o$，可见 $2F_o-F_c$ 差异密度图包含一个完整结构的密度图，因此 $2F_o-F_c$ 可以用于目标结构主链及侧链结构的建立。F_o-F_c 这种密度图是 1 倍的 F_o 减去 1 倍的 F_c 计算得来的，其中包含的是实验密度图和计算密度图的差异。其中 positive map（绿色表示）表示的是实验密度图包含了模版分子无法解释的密度图，通常为溶剂分子、配体等的密度图。在研究药物与蛋白质的复合物晶体结构时，药物是否结合在了蛋白质的活性位点，主要是查看 F_o-F_c 密度图。如果在 F_o-F_c 中发现了和药物结构相近的密度图，就说明药物分子结合到了蛋白质的活性位点，具体的配体构建方式将在第 9 章中进行介绍。其中的 negative map 表示模版分子中在这个地方的结构多于实际的结构，说明此处可能发生了残基突变、构象不对等情况，需要进一步修改模版分子。在 CCP4 和 COOT 中 $2F_o-F_c$ 对应 weighted map，F_o-F_c 对应 weighted difference map。

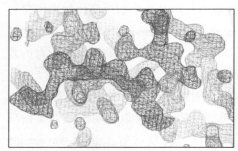 

(a) $2F_o-F_c$ 密度图   (b) F_o-F_c 密度图

图 8-19　$2F_o-F_c$ 和 F_o-F_c 差异密度图

［（a）图为 $2F_o-F_c$ 密度图，用蓝色表示；（b）图为 F_o-F_c 密度图，
其中绿色为 positive map，红色为 negative map］

8.4.2　帕特森图

$$P(u) = \int_R \rho(r)\rho(r+u)dr \tag{8-6}$$

帕特森图（Patterson maps）由帕特森函数［式（8-6）］计算而得。从帕特森函数计算公式中发现，被积函数 $P(u)$ 是真实空间内点 r 处的电子密度与点 r+u 处的电子密度的乘积，即从另一点平移距离向量 u。当电子密度 $\rho(r)$ 和 $\rho(r+u)$ 都具有最高值时，帕特森函数将具有最大值。当 r 和 r+u 均在原子位置处时，即每当距离向量 u 对应于原子间距离时，帕特森函数值将最大。通过帕特森函数建立的密度图将包含所有原子间距离的峰值（或更准确地说，在三维空间中的原子间距离向量尖端处）。由于密度图包含所有原子间距离的峰，这将是一个非常拥挤的密度图，N 个原子有 $N(N-1)$ 个峰，不包括原点（零距离）的峰。因此，对于具有许多原子的结构（例如蛋白质），帕特森图将无法直接解释。然而，鉴于帕特森峰高对应相应电子密度峰高的乘积，对于轻原子结构中的少数重原子，这些峰将非常明显，这种密度图在寻找重原子位置方面非常有用。

帕特森图包含了原子间的距离信息，而且在不知道相位的情况下可直接根据结构因子来计算，因此在起初的结构确定中非常有用，尤其是在重原子位置的搜索、异常散射的确定、内部对称的搜索、分子置换时分子方位的确定、tNCS 的判断等过程中。

8.5 模型构建及优化

8.5.1 模型的建立

待相位确定之后，就能得到蛋白质结构的电子云密度图。然后结合氨基酸序列和电子云密度图的形状可以不断往密度图里面添加氨基酸，从而可建立起完整的蛋白质模型。在分子置换的过程中，已经将模版分子放在了电子云密度图中，因此基于分子置换的结构建立更加简便，难易程度主要在于模版分子和目标结构之间的序列差异性，如果相似度（identity）只有 30%，那么剩下的 70% 就需要手动添加，如果已知目标结构的三维结构，即有相似度为 100% 的模版分子，此种情况就不需要添加氨基酸。基于实验解决的相位，得到的电子云密度图里面没有添加任何原子，需要建立整个蛋白质分子，这是一个比较烦琐的过程。但是这个过程是否顺利还依赖于数据的分辨率，对于高分辨率的密度图，可以清晰地看到氨基酸侧链的电子云密度图，大大加速了添加氨基酸的速度。而对于低分辨率的密度图，侧链的密度图看起来很模糊，这样就很难清楚侧链的安放位置，尤其是针对具有柔性的侧链基团。

建立的分子结构是否准确，准确性如何通常通过 R 值和 R_{free} 来判断。其中 R 值也称为 R_{work}，其计算公式如式（8-7）所示，表示的是所有实验的结构因子与计算结构因子的差异在所有实验的结构因子中的占比，通俗来说就是计算值和实验值之间的差异，越小说明模版分子越接近密度图。

$$R = \frac{\sum \left\| F_{obs} \right| - \left| F_{calc} \right\|}{\sum \left| F_{obs} \right|} \tag{8-7}$$

在合理的分辨率范围内（1.8 ~ 3Å），R 值通常为分辨率的 10% 左右，例如数据的分辨率为 2.3Å，那么 R 值大约为 0.23（23%），如果不考虑分辨率，当 R 值大于 0.3 时，结构的准确性就不太高。但是 R 值有时候会存在任意降低的可能性，当分辨率高于原子分辨率时，就可以主观地向电子云密度图里面添加类似的物质，如水或其他原子，这种操作无论准确与否都会降低 R 值[11]。R 值的大小还和分辨率有关系，通常会随着分辨率的降低而变小，这是因为当分辨率降低时，电子云密度图的边界变得不太清晰，尤其是氨基酸侧链的密度图和配体的密度图，对于这种不确定密度图里面填进去什么都觉得挺像的，因此解决这种低分辨率的密度图相对于高分辨率的密度图来说更容易，任意性更强，最终的结果是结构不一定准确，但是 R 值肯定会降低。为了降低这种任意性，又引入了 R_{free} 的概念。R_{free} 的计算方法和 R 值类似，只是选择的数据不一样，R 值选的是所有的数据，而 R_{free} 的计算只是随机性地选择了一小部分数据（通常选择 5% 的数据），这部分数据在优化和建模之前就选择好了，因此不随着参数优化过程中的改动而变化，也不会随着分辨率的变化而变化。但是 R_{free} 会随着不同分辨率下 I/σ_I 的截取值的变化而变化。如表 8-1 所列为 YfbU 蛋白在不同分辨率和不同 I/σ_I 下 R_{free} 和 R_{work} 的变化[11]。随着最高分辨率的降低，平均 I/σ_I 值升高，更多的弱反射数据被丢弃，最终导致 R_{free} 和 R_{work} 都相应降低。

表 8-1　YfbU 蛋白在不同分辨率和不同 I/σ_I 下 R_{free} 和 R_{work} 的变化[11]

分辨率范围 /Å	反射数量	I/σ_I ①	R_{work}/%	R_{free}/%
56-2.50	131,307	0.46	20.79	24.70
56-2.64	112,400	1.00	18.49	23.46
56-2.79	95,391	2.00	17.25	22.33
56-3.10	69,662	3.00	15.54	20.57
56-3.18	64,565	4.00	15.14	20.15

① 在相应最高分辨率壳层中对应的平均 I/σ_I 值。

8.5.2　结构的修正和优化

在蛋白质晶体学中，建立的模版分子只有更好没有最好。这是因为建立的模版分子很难做到和电子云密度图 100% 的匹配。蛋白质晶体中柔性区域的电子云密度图很难清晰地展示，尤其是一些氨基酸的柔性侧链，如精氨酸，甚至存在多种构象混合的密度图。这种情况下模版偏差永远存在，只是大小的问题。因此，模版分子修正和优化的目的就是不断缩小模版分子和密度图之间的差异。这就需要一步一步地去调整模版分子的结构，包括调整不合理的键长、键角，补充 positive map 的模版分子，删除或更改 negative map 的模版分子，添加氨基酸柔性侧链的多构象等。这些优化过程可以在 COOT 中实现，具体方法将在第 10 章中进行介绍。

上述优化过程都是针对真实空间的优化，当发现对真实空间的优化结果不太明显时，还需要对倒置空间的参数进行优化，这是因为虽然倒易空间和真实空间是一致的，但是倒易空间是真实空间的实验值，这就难免在实验过程中产生一定的误差，最终导致倒易空间和真实空间产生一定的差异。对倒易空间的优化包括对各向异性、分辨率截取值、溶剂体积等的优化。

因为模版分子只有更好没有最好，因此数据优化是一个无限反复的过程，而在实际操作中则以是否达到 PDB 数据库或待发表杂志的要求为准。通用的优化过程是先用分子置换后的模版分子和密度图进行优化，常用的软件有 REFMAC5 和 Phaser。优化后用 COOT 来检查 $2F_o$-F_c 和 F_o-F_c 密度图，通过差异密度图对模版分子进行修正。修正之后保存好修正后的模版分子，然后再次优化，如此反复之后结构会越来越准确。

模版分子是由氨基酸组成的蛋白质结构，因此里面包含着如二面角、键长、手性等制约性参数。让这些制约性参数优化到合理范围也是优化模版分子的重要手段。COOT 中整合了很多用于检查结构中键角、氨基酸空间几何形状、温度因子（temperature factor）等的工具，可非常便捷地帮用户提高结构的精确性。其中拉氏图（Ramachandran plot）是检查肽键二面角的重要方法，也是上传结构时需要满足的条件。蛋白质的主链存在如图 8-20 所示的三个二面角（φ、ψ、ω），这三个二面角控制着蛋白质骨架的构象。其中 ω 角由于羰基碳原子的存在而接近平角 180°。因此蛋白质主链的构象主要由 φ 和 ψ 两个二面角来决定。

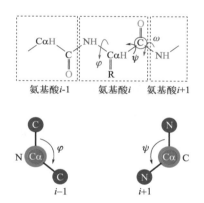

图 8-20　蛋白质主链的三个二面角 φ、ψ、ω

拉氏图通过 φ 和 ψ 两个角的角度来判断蛋白质构象的合理性。蛋白质结构主要由 β 折叠和螺旋两种二级结构组成，它们的差别主要是由 φ 和 ψ 角度的不同引起的。因此，在拉氏图中不同的二级结构有主要的分布区域（图 8-21），其中 β 折叠是一种舒展的构象，因此 φ 和 ψ 两个角的角度都靠近平面，而螺旋结构是一种螺旋式的结构，因此 φ 角的角度具有一定的蜷曲，而 ψ 角接近平面。左手螺旋和右手螺旋的差异是由 ψ 角的正负引起的。模版分子优化后的拉氏图会显示每个氨基酸是否在合理区域内，不在区域内的氨基酸则位于圈外，以红色方式提示，用户可以针对这些氨基酸进行进一步的分析和优化。通常的要求是模版分子中 90% 的氨基酸应处于合理区域内。

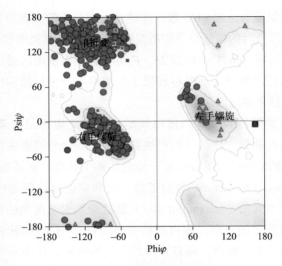

图 8-21　拉氏图不同区域代表的意义

8.6　结构上传

　　PDB 数据库（https://www.rcsb.org/）是全球存储蛋白质结构数量最多的数据库。里面的数据主要来自蛋白质晶体学、NMR、冷冻电镜等实验。研究者在解析完蛋白质结构之后，如果想发表论文，就需要提前将自己的结构公布在 PDB 数据库中。将结构数据上传到 PDB 数据库并不是一个简单的上传过程，这个过程有点类似于发表文章，PDB 数据库的审核员需要对待上传的数据进行检查并审核，要是不符合或者有存疑的地方，审核员将会退回数据，让用户做出解释或者修改。因此，用户要切记的是，在上传之前需要认认真真地检查自己的数据，尤其是优化的结果一定要达到合理的范围，这样就会省去不必要的麻烦。

　　PDB 数据库中文件的上传使用数据库自带的 OneDep 系统，其中分为：Deposition ID 申请、文件上传、文件处理及总结、完善信息、提交、等审核、获得 PDB 号、结构公开等过程。

8.6.1　Deposition ID 申请

　　通常每一个结构需要申请一个存储号，这个号的有效期为 6 个月，意味着用户申请之后要在 6 个月内完成数据存储。在申请之前先要选择用户所在的区域，因为每个区域都布置了不同的服务器和工作人员，亚洲的服务器和审核人员通常在日本。申请界面如图 8-22 所示，需要填自己的邮箱，并设置密码，然后选择自己的实验方法,点击"Start deposition",网站就会给用户发一个 ID 和密码的邮件,登录这个 ID 就可以开始存储数据。

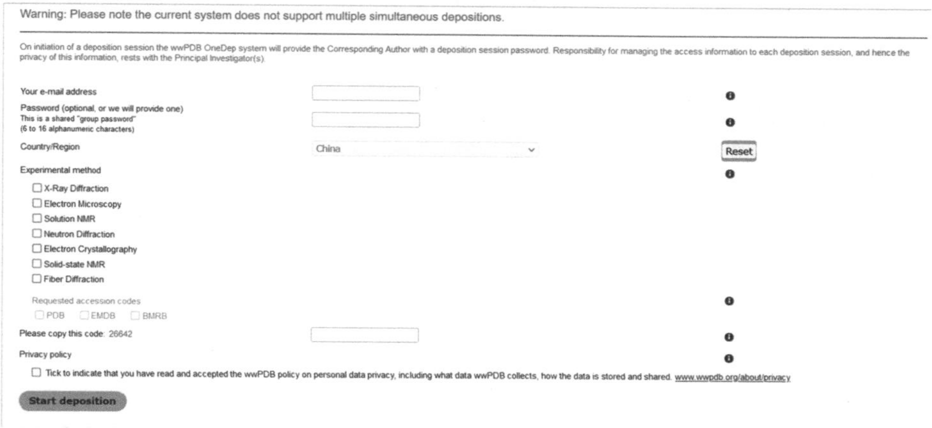

图 8-22　Deposition ID 申请界面

8.6.2　文件上传

登录之后的第一步就是上传数据。这里用户需要上传两个必需的文件,一个是结构因子文件,一个是 Model 文件,其中结构因子文件可以是 MTZ 格式的文件,也可以是 mmCIF 格式的文件。但是 Model 文件必须是 mmCIF 格式的文件。这两种格式的文件在用 REFMAC5 优化完之后都可自动产生。

8.6.3　文件处理及总结

待结构因子文件和 Model 文件上传完之后,OneDep 系统就会自动对数据进行分析处理,从 Model 文件中读取出顺式肽键、冲突的氨基酸、配体、蛋白质序列等信息,确认无误后即可进入下一步。

8.6.4　完善信息

接下来需要完善很多信息,包括用户信息、基金信息、结构名称、文献关联信息、蛋白质序列、蛋白表达系统、晶体生长条件、光源线站信息、数据处理软件、数据统计信息、优化后的参数信息(自动读取)、配体信息、多聚信息等,这里需要用户一步一步细心地填入信息,部分数据系统会从上传文件中自动读取,没有读取的参数数据需要用户从结构因子文件或 Model 文件中自己填入。待所有信息完善之后(*标记的是必填项),就可以提交并等待审核员审核,如审核通过,就会以邮件的方式给用户发送 PDB 号,同时需要回答审核员一些问题，回答问题需要在 OneDep 系统的 Communication 系统中完成，而不是通过邮件来完成。待最后确认无误后就可申请公开，这时就完成了数据的上传工作。最后，用户还会收到一个数据报告，里面包含了对文件质量的分析和结构对应的 DOI 号。

8.6.5　数据收集及优化统计表

待数据上传完毕后，可能需要发表该结构相关的文章，在发表文章时，需要在文章中加入数据收集和优化信息表，此表包含的内容如图 8-23 所示[12]，此表中的数字描述的格式有严格要求，如括号内的数字通常为最高分辨率壳层对应的参数。

	MDM2^R-MDMX^R-UbcH5B–Ub (PDB: 5MNJ)
Data collection	
Space group	*P1*
Cell dimensions	
a, b, c (Å)	54.24, 62.76, 66.35
α, β, γ (°)	69.83, 69.22, 78.21
Resolution (Å)	50.5–2.16(2.22–2.16)^a
R_{merge}	0.075(0.402)
$I/\sigma(I)$	6.8(1.4)
$CC_{1/2}$	0.992(0.73)
Completeness (%)	95.3(93.3)
Redundancy	3.2(2.9)
Refinement	
Resolution (Å)	50.5–2.16
No. reflections	37881
R_{work} / R_{free}	0.190/0.231
No. atoms	
Protein	5318
Ligand/ion (Zn and SO$_4$)	10
Water	77
B factors	
Protein	55.1
Ligand/ion (Zn and SO$_4$)	51.7
Water	52.3
R.m.s. deviations	
Bond lengths (Å)	0.008
Bond angles (°)	1.254

^{a}Values in parentheses are for highest-resolution shell.

图 8-23　蛋白质晶体数据参数表（PDB: 5MNJ）

8.7 结构解析案例

8.7.1 常见的分子置换

本例子以在上海光源 BL17U 收集的一套数据为例进行讲解。蛋白质名称为 Ldt_{MT2}，为控制结核分枝杆菌细胞壁中肽聚糖层（PG）合成的 L,D-转肽酶。表达的序列为含有活性位点的 34 ~ 408 之间的序列。该蛋白质表达时 N 端添加了能够被 TEV 蛋白酶切除的组氨酸标签，镍离子树脂纯化完之后用 TEV 蛋白酶切除组氨酸标签，然后进一步用分子筛色谱进行纯化。通过筛选晶体生长条件，最终在 0.2mol/L 硫酸铵（ammonium sulfate），0.1mol/L bis-tris-HCl，pH 6.5，25%（*w/v*）PEG3350 条件下得到如图 8-24 所示的晶体，晶体性质为典型的钻石性质，非常完美。

图 8-24　Ldt_{MT2}（34 ~ 408）的晶体

上述晶体经冷冻后低温运输至上海光源并在 BL17U1 线站收集数据。以 0.5°的旋转角旋转 360°并收集了 720 张数据，最高分辨率达 1.79Å。将数据导入到 Mosflm，自动检索之后程序推荐的空间群为 $I2_12_12_1$，和文献报道的相符（图 8-25）。接着按照 Mosflm 的 Strategty、Cell refinement、Integration 等步骤完成了对数据的处理，并得到一个未合并的 MTZ 文件。

然后使用 CCP4 套件中的 AIMLESS 对数据进行 scale 和 reduction 并得到一个合并的 MTZ 文件。如果处理过程中空间群不准确，还可以使用 CCP4 套件中的 Reindex or Change Space Group 模块对数据进行再次确认并更改空间群。

待原始数据处理完后先对数据质量进行分析，这里选择 Phenix 套件下的 Xtriage 对产生的 MTZ 文件进行分析，结果如图 8-26 所示，显示实验数据较为完整，也不存在孪晶、NCS、各向异性等缺陷。这就说明数据不需要特殊的处理。

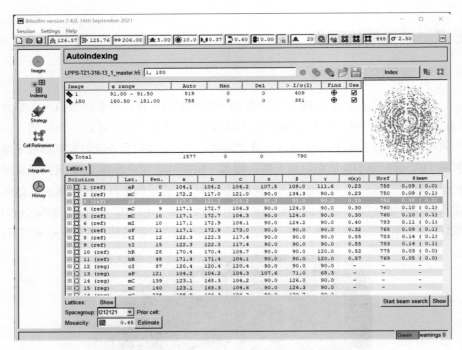

图 8-25　Ldt$_{MT2}$（34 ~ 408）晶体数据检索界面

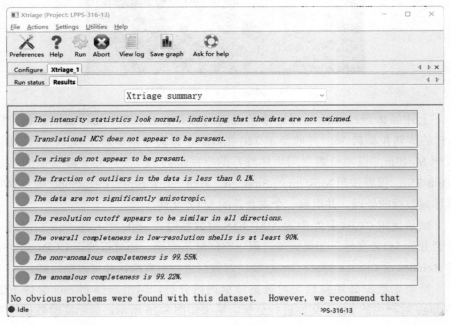

图 8-26　Ldt$_{MT2}$（34 ~ 408）晶体数据的质量分析结果

接下来就要确定解决相位的方法，因为Ldt$_{MT2}$（34～408）蛋白质的结构已经有报道，在数据库中存在100%序列相似性的结构（PDB:4HUC），因此直接选择分子置换的方法来解决相位。因为数据不含有孪晶、NCS、各向异性等缺陷，因此此处直接选择Phaser的基础版进行分子置换。置换前对4HUC结构中的配体和水分子全部删除，只剩下蛋白质结构。因为此蛋白质前期报道的结构均为二聚体，因此置换时Copy数填2。置换后结果如图8-27所示，这里判断置换是否成功的最重要的一个参数是最大似然函数值（log likelihood gain，LLG）和TFZ（translation function Z-score）。这两个值越大表示置换成功的可能性越大。

▼ Elements and scores of current solution

Current best solution has spacegroup I 21 21 21

Ensemble name	Rot Func Z-score	Trans Func Z-score	Refined TFZ-equiv	Packing clashes	Log likelihood gain	Overall LLG
SearchModel	14.8	24.5	20.2	0	545	-
SearchModel	=	49.9	160.4	0	1535	31062

▼ Comparison of solutions

Unique solution found :-)

Space group	Trans. Z-score	Refined Trans. Z-score	Initial LLG	Refined LLG	Initial Rfactor	Refined Rfactor	Clashes
I 21 21 21	160.45	160.45	31061.96	31061.87	32.71	32.71	0.00

图 8-27　Ldt$_{MT2}$（34～408）晶体数据用4HUC结构做完分子置换后的结果

整合到CCP4套件的Phaser置换后自带一次Refmac优化，本数据优化后的R值为0.24，可见模版分子和密度图吻合度很高。接着用COOT打开优化后的密度图和Model，根据$2F_o$–F_c和F_o–F_c密度图对Model进行修正，主要是根据差异密度图加入水分子和其他溶剂分子。然后根据COOT软件中的Validate下的各种模块，对Model中的不合理空间构型等进行修正，并可结合自带的Refmac或Phaser对结构进行优化，最终得到一个在合理范围内的结构。

8.7.2　数据存在tNCS的处理方式

本例子以在上海光源BL17U收集的一套数据进行说明。蛋白质名称为RAC1，是GTP结合蛋白Rho GTPases家族中的一员，和细胞骨架的形成、细胞的迁移等密切相关。RAC1蛋白最终在浓度10mg/mL，温度为20℃，缓冲液为0.1mol/L Hepes（pH 7.5），22%（w/v）PEG4000，8%（v/v）异丙醇［或0.1mol/L Hepes（pH 7.5），20%（w/v）PEG3350，6%（v/v）异丙醇］的条件下得到如图8-28所示的晶体，晶体外形为不规整的片状晶体。最终收集到一套RAC1以0.5°的旋转角旋转360°的数据，数据包含720张衍射图案，最高分辨率达1.74Å。

图 8-28　RAC1 蛋白晶体外形

　　该案例中直接使用了上海光源 BL02U1 线站自动处理的数据。上海光源会用 5 种方法对原始数据进行处理，分别是 autoPROC_XDS、Porpoise_DIALS、Porpoise_XDS、xia2_3dii、xia2_dials。首先使用 Xtriage 对 5 种方法产生的数据质量进行分析，选出处理质量最高的一组数据。最终发现 Porpoise_XDS 处理的数据质量相对较好，但是无论哪种方法，都检测到数据中存在 tNCS（图 8-29）。这时如果按照常规的方法而不考虑 tNCS，则分子置换后的 R 值很高，Model 与密度图的吻合度也很低。正确的做法是分子置换时要充分考虑 tNCS 的存在，同时需要将 tNCS 中的 Vector 值输入到置换时 tNCS 的参数中。点击 Xtriage 中提示 tNCS 存在的按钮，就会显示出关于 tNCS 的相关参数（图 8-30）。然后将对应于 Frac. coord. 的三个 Vector 值和 Heightre lative to Origind 对应的值复制到 Phaser 分子置换下面的 tNCS 的相应选项内（图 8-31），这时置换后可发现 R 值会大大降低。接着就和 8.6.1 中的例子一样，用 COOT 进行修正，并用 Remac 或 Phaser 进行优化以得到更好的 Model。

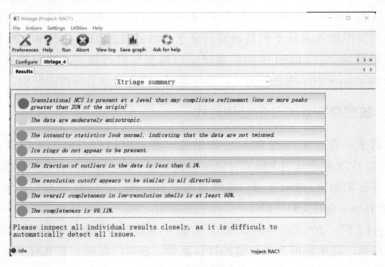

图 8-29　RAC1 蛋白数据的分析结果

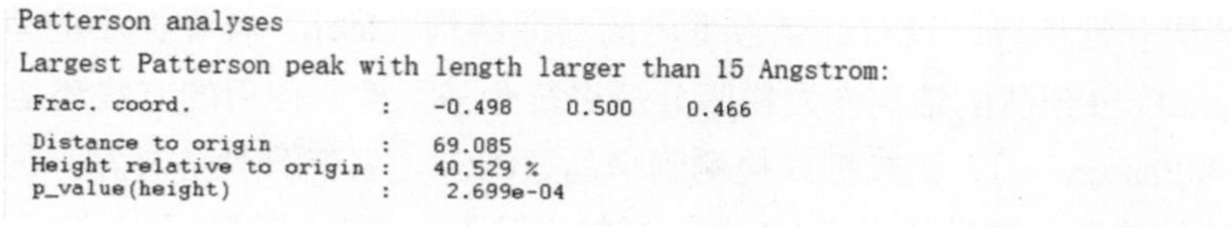

```
Patterson analyses
Largest Patterson peak with length larger than 15 Angstrom:
    Frac. coord.                :   -0.498    0.500    0.466
    Distance to origin          :    69.085
    Height relative to origin   :    40.529 %
    p_value(height)             :    2.699e-04
```

图 8-30　RAC1 蛋白数据中 tNCS 的相关参数

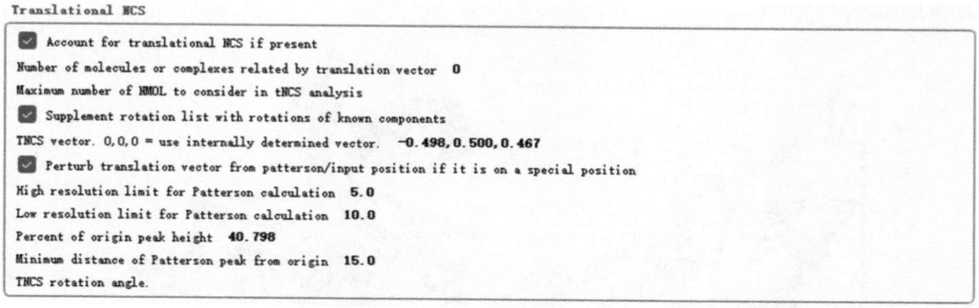

```
Translational NCS
☑ Account for translational NCS if present
Number of molecules or complexes related by translation vector  0
Maximum number of NMOL to consider in tNCS analysis
☑ Supplement rotation list with rotations of known components
TNCS vector. 0,0,0 = use internally determined vector.   -0.498, 0.500, 0.467
☑ Perturb translation vector from patterson/input position if it is on a special position
High resolution limit for Patterson calculation  5.0
Low resolution limit for Patterson calculation  10.0
Percent of origin peak height  40.798
Minimum distance of Patterson peak from origin  15.0
TNCS rotation angle.
```

图 8-31　Phaser 分子置换时 tNCS 参数的配置

8.7.3　用 AlphaFold 协助结构解析

AlphaFold 因为可以基于蛋白质序列而准确预测其结构而一举成名，这也是人工智能技术在生命科学领域的一大突破。既然 AlphaFold 这么厉害，那它的出现是否会导致蛋白质晶体学等基于实验科学的结构生物学寿终正寝呢？作者认为不会，首先，AlphaFold 毕竟是一种计算机技术，其准确与否还需要实验验证；其次，AlphaFold 对于大分子复合物的预测结构并不是很准确；最后，AlphaFold 对于蛋白质和药物配体的相互作用目前也无法预测，即使未来能够预测，那也只是预测，还需要强有力的实验来验证，这种验证最具有说服力的证据还非蛋白质晶体学结果莫属。

既然 AlphaFold 不会让蛋白质晶体学寿终正寝，那它可否用于蛋白质晶体学中的结构解析呢？答案是肯定的，既然 AlphaFold 预测的结构越来越准确，那么用它预测的结构来做分子置换从而解决相位问题将会成为一种常用的方法。在那些没有同源性较高的已知模版分子时，又难以或者不想用实验方法来解决相位时，不妨用 AlphaFold 先预测一个结构，然后用这个结构作为模版分子通过分子置换的方法来解决相位。下面针对 8.7.1 中 Ldt$_{MT2}$ 的数据用 AlphaFold 来协助解析进行讲解。在 8.7.1 中使用了 PDB 数据库中已知模版分子（4HUC）进行了分子置换，而在本例子中我们先用 AlphaFold 来预测一个序列相同的结构。图 8-32 为 AlphaFold 预测的 Ldt$_{MT2}$ 结构和 PDB 数据库中已知 Ldt$_{MT2}$ 结构的叠合图。从叠合的结果可以看出 AlphaFold 预测的结构和 PDB 数据库中已知的

Ldt$_{MT2}$ 结构非常相近，只有红色方框内的卷曲结构（loop）存在微小的差异。接着用 AlphaFold 预测的结构作为模版分子进行分子置换，使用的方法还是和 8.6.1 中一样的 Phaser，因为该数据未检测到孪晶、tNCS、各向异性等异常，因此未对上述参数做修改，都选用和 8.6.1 中一样的默认值。置换结果如图 8-33 所示，从 LLG 值可以看出置换成功，此外置换后的 R 值已经降低到了 0.23，和用 4HUC 置换后的结构相当。

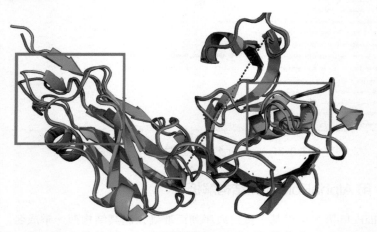

图 8-32   Ldt$_{MT2}$ 的 AlphaFold 预测结构与 PDB 中已知结构（4HUC）的比较
（绿色为 4HUC，紫色为 AlphaFold 预测结构）

Basic MR – PHASER   21:13 09-Jun-2022

▼ Elements and scores of current solution

Current best solution has spacegroup I 21 21 21

Ensemble name	Rot Func Z-score	Trans Func Z-score	Refined TFZ-equiv	Packing clashes	Log likelihood gain	Overall LLG
SearchModel	11.3	20.0	17.3	1	383	-
SearchModel	=	38.7	75.0	1	1120	4698

▼ Comparison of solutions

Unique solution found :~)

Space group	Trans. Z-score	Refined Trans. Z-score	Initial LLG	Refined LLG	Initial Rfactor	Refined Rfactor	Clashes
I 21 21 21	75.01	75.01	4697.56	4697.57	43.54	43.54	1.00

图 8-33   用 Ldt$_{MT2}$ 的 AlphaFold 预测结构进行分子置换后的结果

由此可见，让 AlphaFold 预测的结构作为模版分子来做分子置换以解决相位问题的思路是完全可信的。相对于通过实验方法来解决相位问题，这种方法更加简单。由此 AlphaFold 的出现也为蛋白质晶体学提供了很大的便利。

参考文献

[1] Dauter Z, Jaskolski M. Crystal pathologies in macromolecular crystallography [J]. Postepy Biochem, 2016, 62: 401-407.

[2] Thompson M C. Identifying and overcoming crystal pathologies: Disorder and twinning [J]. Methods Mol Biol, 2017, 1607: 185-217.

[3] Smialowski P, Wong P. Protein crystallizability [J]. Methods Mol Biol, 2016, 1415: 341-370.

[4] Dobson C M. Biophysical techniques in structural biology [J]. Annu Rev Biochem, 2019, 88: 25-33.

[5] Liu Q, Hendrickson W A. Crystallographic phasing from weak anomalous signals [J]. Curr Opin Struct Biol, 2015, 34: 99-107.

[6] Qian B, Raman S, Das R, et al. High-resolution structure prediction and the crystallographic phase problem [J]. Nature, 2007, 450: 259-264.

[7] Simpkin A J, Caballero I, McNicholas S, et al. Predicted models and CCP4 [J]. Acta Crystallogr D Struct Biol, 2023, 79: 806-819.

[8] Zhang T, Yao D, Wang J, et al. Serial crystallographic analysis of protein isomorphous replacement data from a mixture of native and derivative microcrystals [J]. Acta Crystallogr D Biol Crystallogr, 2015, 71: 2513-2518.

[9] Karle J. Direct methods in protein crystallography [J]. Acta Crystallogr A, 1989, 45(Pt 11): 765-781.

[10] Hendrickson W A. Anomalous diffraction in crystallographic phase evaluation [J]. Q Rev Biophys, 2014, 47: 49-93.

[11] Wang J. Estimation of the quality of refined protein crystal structures [J]. Protein Sci, 2015, 24: 661-669.

[12] Nomura K, Klejnot M, Kowalczyk D, et al. Structural analysis of MDM2 RING separates degradation from regulation of p53 transcription activity [J]. Nat Struct Mol Biol, 2017, 24: 578-587.

[3] Hirano M. Protein structure and interactions in meat production [J]. macromolecules and gene. 2019: 272-275.

[4] Groenhof G. Introduction to QM/MM simulations [J]. Methods molecular Bio. 2013: 43-66.

[5] Brown P. D. Bioconjugate Chemistry. separation studies[J] [J]. 2013.

[6] Dai Q. Moraldvaan W. C. Crystallization of the ribonucleoprotein at anomal. Some then 2012, 312-219.

[7] Dao B. Bergren S. Tan K. et al. high-resolution structure and electron diffraction. In phase. factory[J] 1. organiz 2017. nucl. Bar 21.

[8] Jhanit M. C. Crippling self-studies is S. crittfogr e is with sci C. Cel[J] 1st. In science. 2021. Vol. 1. By the PDB.

[9] Ardoll C. Pan T. Weise B. High-resolution research. Phasing distributions [J]. Sci tang. 2013, 201. By. 2124.

[10] Adams Z. Digit. mol. and-of obullophy [J] ASME 2. whole. At the. 2012. 252-254.

[10] Leatherman W. X. Progress in diffraction data acquisition-rerange-phase. publications [J]. In Bio. Biophysie. 2011. 457-590.

[11] Wang Z. Resolution return outline of reg. in phasing and mongrense. 2J. publications in nucleology.

[12] Summer K. Niklas M. Kovalevskaya. A. et al. structure manahed of MIADIO[J] Hadt. depending. mass expression of poly compression activity. [J] crist Sind. Sci 1. mole 2012. 324.

第9章

蛋白质晶体学软件介绍

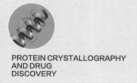

PROTEIN CRYSTALLOGRAPHY
AND DRUG
DISCOVERY

9.1 数据处理软件

9.1.1 HKL2000

HKL2000 是由 HKL Research 公司开发的软件（https://www.hkl-xray.com），是一款集检索、数据简化、标准化处理等功能于一体的原始数据处理套件。这是一款商业版的软件，主要针对的是同步辐射光源的线站。学术用户如果从光源收集到数据后需要使用 HKL2000 再次或进一步对数据进行处理时，可以申请免费的临时权限（30 天）。该软件主要在 Linux 和 Mac 系统下运行，Windows 用户可以安装在内置的 Linux 环境下。HKL2000 具有操作界面（图 9-1），该软件整合了 Denzo、XdisplayF 和 Scalepack，此外还加入了很多实用的工具。HKL2000 通常安装在光源线站的服务器上，可以实现对收集数据的实时处理。用户可以

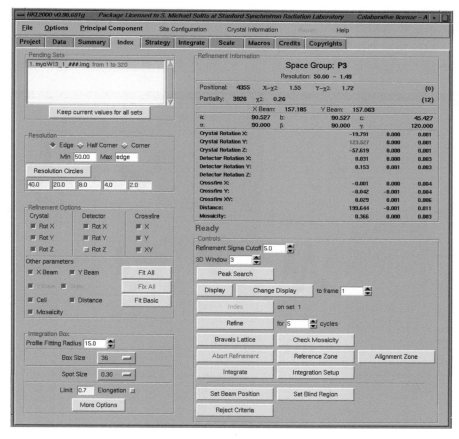

图 9-1　HKL2000 的软件操作界面

调整数据收集策略以达到预期的数据完整性。这样可以帮助避免数据缩减和结构解决方案中的后续问题。此外，在处理过程中还有镶嵌度优化、改变光斑尺寸、修改空间群、直接光束位置搜索、报告生成等功能。总体来说，HKL2000是光源线站的首选，配备在线站的服务器上可帮用户自动处理数据。

9.1.2 XDS

XDS（X-ray Detector Software）是一款免费的晶体数据处理软件，目前的版本只能在 Linux 系统下运行[1-3]。用该软件处理数据所需的所有输入参数都收集在名为 XDS.INP 的文件中，该文件必须位于调用 XDS 的当前目录中。XDS.INP 的文件模板（示例）可用于 XDS 支持的检测器。建议基于 XDS.INP 模板文件进行修改，这样可以减少输入错误并简化使用程序。许多参数都分配了默认值，在大多数情况下都可以正常工作，并且很少需要更改。因此，运行 XDS 相当于仅编辑所选输入文件模板中的一些参数值（例如，如果数据图像由 ADSC 检测器记录，则为 XDS-ADSC.INP）并将编辑后的文件重命名为 XDS.INP。

XDS 有一个操作界面并不好用，后来 Udo Heinemann 课题组为 XDS 开发了一个操作界面程序 XDSAPP（图 9-2）[4]，可以安装在 Linux 系统下使用。光源

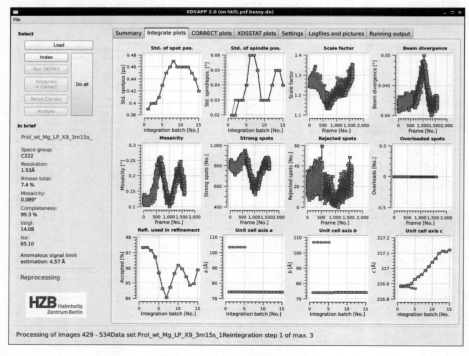

图 9-2　XDSAPP 的操作界面

线站的数据处理服务器也会配置 XDS，以帮用户自动处理好数据。在上海光源的处理数据中就包含了由 XDS 处理的数据。

9.1.3 CCP4

CCP4 是一款免费的结构生物学综合性软件[5-7]，包含了从原始数据处理到最终结构上传的多种模块，每个模块下又包含了多个方法程序（图 9-3）。这款套件由于良好的界面操作性和 Windows 兼容性，深受初级用户的青睐。目前的 CCP4 有两种操作界面，一种是传统的 CCP4i，另一种是 CCP4i2，后者相对于前者，在功能分类、操作性等方面更加智能化了。除此之外又开发出了云桌面、远程操作等，鉴于服务器在国外，国内用户使用云桌面和远程操作可能会较慢。CCP4i2 在左侧的任务栏中以序列任务的形式将任务呈现给用户，每一个新任务建立时会自动从上一个任务中读取相应的文件，大大简化了用户的操作流程。另外用户还可以克隆前面的任务，这对于修改之前任务中的个别参数非常方便。

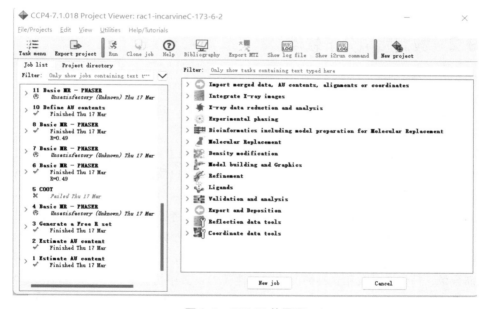

图 9-3　CCP4i2 的界面

9.1.4 Phenix

Phenix[8] 是一款和 CCP4 类似的综合性软件，只是和 CCP4 在某些处理方法上不一样。这款软件也是学术用户免费的，而且有 Linux 版本和 Windows 版本，对于初级用户而言也非常便捷。Phenix 的操作界面如图 9-4 所示。

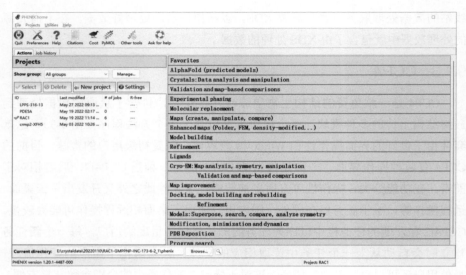

图 9-4　Phenix 的操作界面

9.2　数据质量分析软件

9.2.1　Xtriage

Xtriage 是一款用于评估实验数据的质量的软件，目前已经整合到 Phenix 中，具体可对以下方面进行分析。

（1）非对称单元数量的测定　第 6 章中已讲过非对称单元（ASU）是研究者最终需要确定的结构，而 ASU 中拷贝数就是蛋白质的多聚态，从 PDB 数据库中发现大多数蛋白质以多聚的形式存在，其中二聚体是最为常见的多聚形式。此外 ASU 中的拷贝数与晶体中的溶剂含量相关，拷贝数多了溶剂含量会降低。Xtriage 首先对提交的数据通过计算马修斯系数来计算溶剂的含量和 ASU 中的拷贝数。图 9-5 中的数据表示分别计算了 ASU 含有 1、2、3 个分子时对应的溶剂含量、马修斯系数和这种情况的可能性（P），其中拷贝数为 2 时，即 ASU 中含有两个分子（蛋白质分子为二聚体），溶剂含量为 49.30%，马修斯系数为 2.42，这种可能性最高，为 88.0%，因此 Xtriage 最终给出最好的预测结果（Best guess）为含有 2 个拷贝数（copies）。

（2）数据强度和完整性分析　在 6.5 中已讨论过不同分辨率下的数据有不同的作用，通常低分辨率的数据在相位确定的过程中对旋转搜索等起着重要作用，最终对蛋白质的位置、主链结构的确定等起到关键作用。因此低分辨率下的数据完整性要是过低，最终会导致解析的结构相位、骨架结构都不一定准确。而

```
=================== Solvent content and Matthews coefficient ===================

Crystallized molecule(s) defined as 176 protein residues
-------------------------------------------------------------------------
 | Solvent content analysis                                              |
 |-----------------------------------------------------------------------|
 | Copies | Solvent content | Matthews coeff. | P(solvent content)      |
 |-----------------------------------------------------------------------|
 | 1      | 0.747           | 4.85            | 0.091                   |
 | 2      | 0.493           | 2.42            | 0.880                   |
 | 3      | 0.240           | 1.62            | 0.029                   |
 -------------------------------------------------------------------------

Best guess :     2 copies in the ASU

Caution: this estimate is based on the distribution of solvent content across
structures in the PDB, but it does not take into account the resolution of
the data (which is strongly correlated with solvent content) or the physical
properties of the model (such as oligomerization state, et cetera). If you
encounter problems with molecular replacement and/or refinement, you may need
to consider the possibility that the ASU contents are different than expected.
```

图 9-5　Xtriage 分析结果中溶剂含量和马修斯系数的计算

高分辨率的数据完整性决定了结构的细节，如氨基酸侧链的准确性等。图 9-6 中的数据表示的是在不同的数据强度 $I/\text{sig}I$（I/σ_I）下对应的数据完整性。$I/\text{sig}I$ 越大说明的是信号强度越强。在衍射图案中，低分辨率的斑点（离中心点越近的斑点）通常信号强度较强，而高分辨率的点离中心点越远衍射强度越弱。因此在截取数据的分辨率时不能一味地选取高分辨率，而不保证数据的完整性。另外 $I/\text{sig}I$ 值也是选择数据的一个依据，不同的 $I/\text{sig}I$ 值下不同的分辨率壳层对应的数据完整度不一样。$I/\text{sig}I$ 值高，意味着选择的数据都是高强度的衍射点，而那些稍弱的衍射点就会被排除在外，最终导致完整度会降低。通常情况下 $I/\text{sig}I$ 值以 2 为截取标准，但是这也需要考虑各个方向上的分辨率值分布是否均匀。有些研究者为了追求高分辨率，在某个方向上选择更高分辨率的数据，而在其他方向上达不到这样的高分辨率，最终导致分辨率虚高。

```
-------------------------------------------------------------------------------------
| Completeness and data strength                                                    |
|-----------------------------------------------------------------------------------|
| Res. range   | I/sigI>1 | I/sigI>2 | I/sigI>3 | I/sigI>5 | I/sigI>10 | I/sigI>15 |
|-----------------------------------------------------------------------------------|
| 45.57 - 4.27 | 98.8     | 98.5     | 97.8     | 97.0     | 94.9      | 92.8      |
| 4.27 - 3.39  | 98.7     | 98.2     | 97.4     | 96.1     | 91.8      | 87.3      |
| 3.39 - 2.96  | 98.2     | 96.7     | 95.1     | 92.4     | 84.9      | 77.6      |
| 2.96 - 2.69  | 95.5     | 92.0     | 89.1     | 84.0     | 71.8      | 60.3      |
| 2.69 - 2.50  | 94.4     | 90.4     | 85.2     | 76.7     | 60.9      | 48.5      |
| 2.50 - 2.35  | 92.1     | 85.2     | 79.5     | 69.3     | 49.7      | 36.5      |
| 2.35 - 2.23  | 87.3     | 80.3     | 73.2     | 61.3     | 40.4      | 27.1      |
| 2.23 - 2.13  | 85.9     | 75.4     | 67.0     | 53.7     | 31.0      | 19.4      |
| 2.13 - 2.05  | 80.6     | 69.0     | 59.6     | 45.8     | 23.4      | 12.2      |
| 2.05 - 1.98  | 76.1     | 62.3     | 50.4     | 34.3     | 14.5      | 6.3       |
| 1.98 - 1.92  | 67.9     | 52.1     | 39.6     | 23.9     | 7.4       | 2.3       |
| 1.92 - 1.86  | 62.2     | 45.5     | 33.5     | 18.1     | 3.8       | 0.8       |
| 1.86 - 1.81  | 57.0     | 35.6     | 23.6     | 10.8     | 2.1       | 0.5       |
| 1.81 - 1.77  | 49.0     | 28.0     | 16.3     | 6.3      | 0.4       | 0.0       |
-------------------------------------------------------------------------------------
```

图 9-6　Xtriage 分析结果中数据强度与完整性表格

Xtriage 分析结果中会给出分辨率界限的分析结果，即总体分辨率和在倒易空间中三个方向上的分辨率，数据中的分辨率在三个方向上的差异不能过大，不然就说明存在分辨率截取不合理。图 9-7 显示了这组数据的总体分辨率（d_min 即为分辨率）和在倒易晶格三个方向（a*，b*，c*）上各自的分辨率。最后还会给出是否在合理范围内的结论。

```
overall d_min                  = 1.730
d_min along a*                 = 1.748
d_min along b*                 = 1.803
d_min along c*                 = 1.743
max. difference between axes = 0.060

Resolution limits are within expected tolerances.
```

图 9-7　Xtriage 分析结果中分辨率界限分析结果

（3）各向异性判断　在 8.1.1.4 中阐述了什么是各向异性，它的存在会导致数据质量降低。但是如果合理分析并得到适当处理，会改善这种情况。Xtriage 通过计算总体 B 值（Wilson B-factor）确定是否存在各向异性。如果发现存在显著的各向异性，在分子置换和优化的过程中需要把各向异性考虑进去。

（4）低分辨率数据完整性分析　低分辨率数据对于结构的相位确定和主链结构的解析起着重要作用。如果低分辨率的数据完整性较低，会导致密度图变形和其他困难。这种情况通常是由数据采集过程中晶体取向问题、帧曝光过度、光束挡板干扰或数据处理软件忽略反射等引起的。Xtriage 分析结果中给出了大于 5Å 的低分辨率数据的完整性（图 9-8）。

```
-------------------------------------------------------------
| Resolution range    | N(obs)/N(possible) | Completeness |
-------------------------------------------------------------
| 45.5564 -  10.7342  | [207/207]          | 1.000        |
| 10.7342 -   8.5384  | [191/195]          | 0.979        |
|  8.5384 -   7.4645  | [194/195]          | 0.995        |
|  7.4645 -   6.7844  | [181/181]          | 1.000        |
|  6.7844 -   6.2995  | [185/185]          | 1.000        |
|  6.2995 -   5.9289  | [176/177]          | 0.994        |
|  5.9289 -   5.6325  | [194/194]          | 1.000        |
|  5.6325 -   5.3878  | [173/173]          | 1.000        |
|  5.3878 -   5.1806  | [177/177]          | 1.000        |
|  5.1806 -   5.0021  | [186/186]          | 1.000        |
-------------------------------------------------------------
```

图 9-8　低分辨率数据完整性分析结果

（5）异常值（outliers）检测　在收集 X 射线衍射数据时，一些数据会出现误差。只要错误的来源被理解和正确解释，测量错误就不会造成严重的问题；它们只是使数据的信息量减少。然而，一些用 CCD 检测器收集的数据中的"zingers"，以及检测器表面上的阴影和坏点造成的一些错误如果未检测到，将会导致异常值，这可能会对结果造成较大影响。异常值就是在误差范围内不太可能是正确的观察值，它与冗余性数据相关，即如果某一数据的其中一个测量值与该数据的其他测量值差异较大，那么这个测量值就可能是一个异常值。异常值的计算方法有很多，Xtriage 采用了 Wilson 统计方法来计算异常值[9]。当数据中含有 NCS 时，会含有较多的异常值。

（6）是否有孪晶的判断　Xtriage 采用 Wilson 比例、NZ 检验、L 检验三种方法判断孪晶存在的可能性。

（7）NCS（非晶体对称）的检测分析　Xtriage 采用帕特森（Patterson）分析来检测数据中是否存在 NCS。结果如图 9-9 所示。P_value（height）为在不具有任何 tNCS 的大分子的帕特森函数中找到指定高度的概率，小于 1×10^{-3} 时表示存在明显的 tNCS。Frac.coord. 对于三向量需要在分子置换时输入到 tNCS 对应的向量值内，具体见 8.6.2。

```
            ----------Patterson analyses----------

Largest Patterson peak with length larger than 15 Angstrom:
Frac. coord.               :   -0.498     0.500     0.467
Distance to origin         :   69.105
Height relative to origin  :   40.798 %
p_value(height)            :    2.594e-04
```

图 9-9　Patterson 分析的结构

9.2.2　AIMLESS

CCP4i2 中的 AIMLESS 是一款集合了数据标准化、整合及分析的综合模块，算法里面结合了 Pointless、Aimless、Ctruncate、FreeFflag 等。用户在对未整合的数据用 AIMLESS 进行整合时，不仅可对数据完成标准化和整合，同时还可对最终的数据给出分析结果。

9.3　分子置换软件

9.3.1　Phaser

Phaser 是一款比较简单易用且深受用户喜欢的分子置换软件[10]。因为其对冲突数据的包涵度较高，使得分子置换的成功率也较高。目前 Phaser 已经整合到了 CCP4 和 Phenix 套件中。图 9-10 为 CCP4i2 中 Phaser 专业版的输入界面，如果没有特殊情况，总体上只需要含有 R-factor 的 MTZ 文件和模版分子（Search Model）文件就可以让 Phaser 为用户进行分子置换。界面中 Reflections 区域内主要是输入与实验数据相关的数据，主要是整合后的 MTZ 文件，如果数据不包含

Free R set, 还需要提前根据MTZ文件进行计算（CCP4含有计算Free R set的方法）。模版分子文件中输入的就是提取选择好的 pdb 结构文件，这里还需要输入模版分子与目标价格的相似度（identity）和 ASU 中模版分子的拷贝数量。如果数据包含一些缺陷，那么还需要在 Keywords 界面下详细地核对相关的内容。

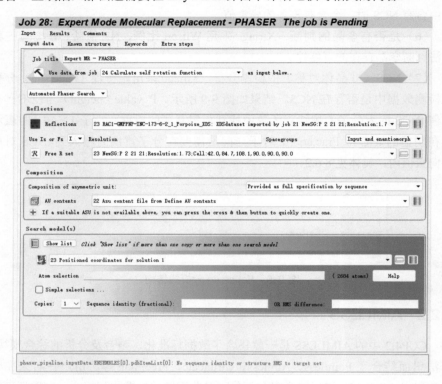

图 9-10　CCP4i2 中 Phaser 的输入界面
（红色显示的部分为必须输入的内容）

9.3.2　Molrep

Molrep 是一个用于分子置换的自动化程序，它利用许多原始方法进行旋转和平移搜索以及数据准备。目前的 Molrep 已经获得了多种功能，包括对衍射数据和模版分子数据的加权、多拷贝数搜索、将模型拟合到电子密度、两个模型的结构叠加和刚性主体优化等。该程序能够实现利用从输入数据计算的优化参数以全自动模式运行[11]。Molrep 目前已被整合到 CCP4 套件中供用户使用，其界面和 CCP4 中的 Phaser 界面类似，需要准备结构文件和模版分子文件。针对拷贝数的选择，Molrep 可以自动搜索，也可以通过用户的输入值进行搜索。相对Phaser，Molrep 解决冲突数据的能力欠佳[12]。

9.4 优化软件

REFMAC5 是 CCP4 套件中的一款优化软件，它针对不同的衍射数据使用不同的似然函数[13]。为了确保精化模型的化学和结构完整性，REFMAC5 提供了多种约束和模型参数化选择。REFMAC5 还提供 TLS 参数化，并且当高分辨率数据可用时，可以快速优化各向异性。针对存在孪晶的优化以全自动方式进行。总体上 REFMAC5 是一款非常优秀的优化程序，非常适合在蛋白质晶体学中遇到的整个分辨率范围内进行精修，目前已经成为大多数用户的首选。CCP4 对 REFMAC5 的使用又进行了多种优化，可以和 COOT 进行无缝衔接，用 REFMAC5 优化完的数据直接可以用 COOT 进行打开并对其进行修正。

9.5 修正软件

COOT[14] 目前是在结构修正方面最好用且功能最全的一款软件。它已经与 Phenix 套件和 CCP4 套件实现完美结合。COOT 的主要功能就是利用模版分子和密度图之间的差异，不断的去优化模版分子和密度图，使得模版分子和密度图更接近。图 9-11 为 COOT 的界面，界面显示的是模版分子和密度图，其中蓝色的密度图为 $2F_o-F_c$，绿色和红色的密度图为 F_o-F_c 密度图，其中绿色的为 Positive 密度图，即该地方应该存在相应的原子，红色为 Negative 密度图，即该地方填入了多余的原子。上侧的任务栏根据功能分为编辑（Edit）、计算

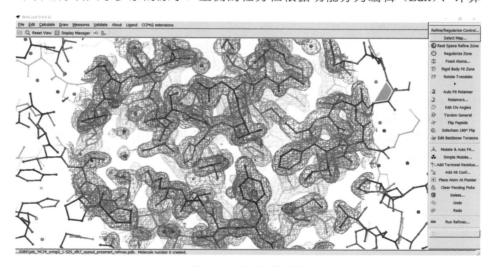

图 9-11　COOT 的界面

（Calculate）、画图（Draw）、测量（Measures）、确证（Validate）、配体（Ligand）等模块。右侧的工具栏主要是针对模版分子的修正工具，这些工具可以智能化地对模版分子中的部分主链的二面角、键长等进行优化，实验时只需用鼠标选择需要优化的起始部位即可自动进行优化。此外还可以实现添加氨基酸、突变氨基酸、添加水分子或配体、对柔性部分增加多构象等功能。

参考文献

[1] Kabsch W. Xds [J]. Acta Crystallogr D Biol Crystallogr, 2010, 66: 125-132.

[2] Diederichs K. Crystallographic data and model quality [J]. Methods Mol Biol, 2016, 1320: 147-173.

[3] Kabsch W. Integration, scaling, space-group assignment and post-refinement [J]. Acta Crystallogr D Biol Crystallogr, 2010, 66: 133-144.

[4] Sparta K M, Udo H, Uwe M, et al. Weiss. XDSAPP2.0 [J]. J. Appl. Cryst, 2016, 49: 1085-1092.

[5] Winn M D, Ballard C C, Cowtan K D, et al. Overview of the CCP4 suite and current developments [J]. Acta Crystallogr D Biol Crystallogr, 2011, 67: 235-242.

[6] Agirre J, Atanasova M, Bagdonas H, et al. The CCP4 suite: Integrative software for macromolecular crystallography [J]. Acta Crystallogr D Struct Biol, 2023, 79: 449-461.

[7] Martinez-Ripoll M, Albert A. Continuous development in macromolecular crystallography with CCP4 [J]. Acta Crystallogr D Struct Biol, 2023, 79: 447-448.

[8] Afonine P V, Poon B K, Read R J, et al. Real-space refinement in PHENIX for cryo-EM and crystallography [J]. Acta Crystallogr D Struct Biol, 2018, 74: 531-544.

[9] Read R J. Detecting outliers in non-redundant diffraction data [J]. Acta Cryst., 1999, D55: 1759-1764.

[10] McCoy A J, Grosse-Kunstleve R W, Adams P D, et al. Phaser crystallographic software [J]. J Appl Crystallogr, 2007, 40: 658-674.

[11] Vagin A, Teplyakov A. Molecular replacement with MOLREP [J]. Acta Crystallogr D Biol Crystallogr, 2010, 66: 22-25.

[12] Carrozzini B, Cascarano G L, Giacovazzo C. The automatic solution of macromolecular crystal structures via molecular replacement techniques: REMO22 and its pipeline [J]. Int J Mol Sci, 2023, 24.

[13] Murshudov G N, Skubak P, Lebedev A A, et al. REFMAC5 for the refinement of macromolecular crystal structures [J]. Acta Crystallogr D Biol Crystallogr, 2011, 67: 355-367.

[14] Emsley P, Lohkamp B, Scott W G, et al. Features and development of Coot [J]. Acta Crystallogr D Biol Crystallogr, 2010, 66: 486-501.

第 10 章
靶向药物的筛选方法

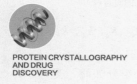

PROTEIN CRYSTALLOGRAPHY
AND DRUG
DISCOVERY

10.1 药物与蛋白质相互作用大小的表示方式

靶向药物因具有特异性高、副作用低的优势使得其成为药物研究的主要方向。靶向药物具有明确且特异的作用靶标，这个靶标主要指的是人体内的蛋白质。根据蛋白质的功能，可以把蛋白质分为酶类和非酶类，其中酶类主要是催化底物反应的蛋白质，根据功能又可细分为氧化还原酶（如过氧化氢酶、细胞色素氧化酶）、转移酶（如转甲基酶、转氨酸）、水解酶（如淀粉酶、蛋白酶）、裂解酶（如柠檬酸合成酶、醛缩酶）、异构酶（如磷酸丙糖异构酶、消旋酶）、合成酶（如 tRNA 连接酶）。非酶类则是不具有结合底物并进行催化功能的蛋白质类，包括 G 蛋白偶联受体、结构蛋白、膜转运蛋白等。

针对酶类靶标，药物分子的结合有两种情况，一种是和底物竞争性地结合在催化位点，一种是结合在别的位点并通过别构效应影响酶与底物的结合。针对非酶类靶标，药物分子的结合并不具有固定的形式，有的药物作用在蛋白质-蛋白质相互作用位点（PPI），有的作用在 GPCR 类蛋白质上内源性配体结合的位点，有的结合在蛋白质的活性位点上等。针对两类不同的靶标类型，存在如图 10-1 所示的两种药物与靶标结合的方式，第一种情况为药物和底物竞争性结合在酶类靶标上，第二种情况为药物结合在非酶类靶标的活性位点。其中 E 表示酶类蛋白质，E′ 表示非酶类蛋白质或酶类蛋白质与药物结合时不存在竞争性结合的情况。

$$
\begin{array}{c}
\text{E} + \text{S} \underset{k_2}{\overset{k_1}{\rightleftharpoons}} \text{ES} \underset{k_4}{\overset{k_3}{\rightleftharpoons}} \text{E} + \text{P} \\
+ \\
\text{I} \\
k_6 \Updownarrow k_5 \\
\text{EI}
\end{array}
$$

$$(2) \quad \text{E}' + \text{I}' \underset{k_{\text{off}}}{\overset{k_{\text{on}}}{\rightleftharpoons}} \text{E}'\text{I}'$$

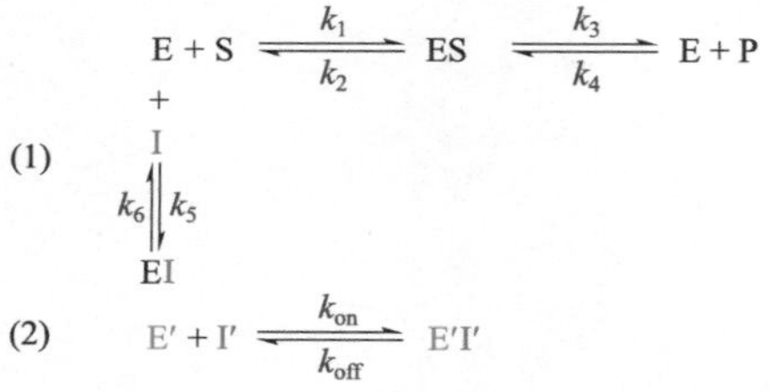

图 10-1　蛋白质与药物结合的两种形式及其酶学反应式

（E 表示酶类靶标，E′ 表示非酶类靶标或酶类蛋白质与药物结合时不存在竞争性结合的情况，S 表示底物，ES 表示酶和底物的结合物，P 表示底物被酶催化后的产物，I 表示竞争性结合在酶催化位点的抑制剂，I′ 表示非竞争性结合在非酶类靶标蛋白上的抑制剂，EI 表示酶类靶标与竞争性抑制剂的复合物，EI′ 表示非酶类靶标与非竞争性抑制剂的复合物）

药物与蛋白质相互作用强弱的表示常数主要有 IC_{50}、K_i、K_d、K_a、k_{on}、k_{off} 等，此外还有表示酶活力的参数为 K_m 和 Biacore 实验中专用的 K_D 值。

（1）IC_{50}　IC_{50} 是对指定的生物过程（或该过程中的某个组分如酶、受体、细胞等）抑制一半时所需的药物或者抑制剂的浓度。药学中用于表征拮抗剂（antagonist）或抑制剂（inhibitor）在体外实验中的拮抗能力。IC_{50} 越小表示拮抗剂或抑制剂的活性越好。在药物与蛋白质的相互作用中，IC_{50} 的计算是根据不同浓度下药物对蛋白质的抑制率拟合抑制曲线，最后从曲线计算出抑制 50% 活性时对应的药物浓度，即 IC_{50}。对于单个成分的药物，建议 IC_{50} 的单位采用摩尔浓度，因为药物和蛋白质的相互作用是摩尔比，如果以质量浓度计算，那么分子量大的药物分子的物质的量（mol）很小，最终的结果不一定准确。

（2）K_i　K_i 为抑制常数（inhibition constant），反映的是抑制剂对靶标的抑制强度，这个值越小说明抑制能力越强，某些情况下可以与后文的解离常数 K_d 等同。K_i 的计算方法如下，表示酶和抑制剂解离速度与结合速度的比值，也表示反应环境中酶和抑制剂游离浓度的乘积与复合物浓度的比值。当反应环境中复合物的浓度较高时，K_i 越小，抑制力越强。K_i 通常针对的是抑制剂对酶的竞争性结合。

$$K_i = \frac{k_6}{k_5} = \frac{[\text{E}] \cdot [\text{I}]}{[\text{EI}]}$$

（3）K_d　K_d 表示解离常数（dissociation constant），反映的是化合物对靶标的亲和力大小，值越小表示亲和力越强。K_d 和 K_i 非常相似，但是 K_i 通常针对的是抑制剂对酶的竞争性结合，而 K_d 针对的是抑制剂与蛋白质的非竞争性结合。

$$K_d = \frac{k_{\text{off}}}{k_{\text{on}}} = \frac{[\text{E}'] \cdot [\text{I}']}{[\text{E}'\text{I}']}$$

（4）K_a　K_a 为结合常数（association constant），与 K_d 相反，值越大说明亲和力越强。

$$K_a = \frac{k_{\text{on}}}{k_{\text{off}}} = \frac{[\text{E}'\text{I}']}{[\text{E}'] \cdot [\text{I}']}$$

（5）k_{on}　k_{on} 表示结合速率常数（association rate constant），代表分子间结合时的快慢，单位为 $\text{M}^{-1} \cdot \text{S}^{-1}$。在 Biacore 测定亲和力实验中，$k_{\text{on}}$ 越大代表达到最大反应单位（RU）的时间越短，曲线斜率越陡峭。

（6）k_{off}　k_{off} 表示解离速率常数（dissociation rate constant），代表分子间解离时的快慢，在 Biacore 测定亲和力实验中，k_{off} 越大代表 RU 下降的速率越慢，曲线斜率越平缓。所以亲和力高的表现就是快结慢离。这里需要注意一种特殊情况，就是当药物与蛋白质属于共价键结合时，k_{off} 值几乎为零，即结合上去之后不发生解离。

（7）K_D　K_D 其实就是 K_d，在 SPR 测定亲和力实验中，把 k_{on} 写成 K_a，k_{off}

写成 K_d，把 K_d 写成 K_D。这样一来，$K_D=K_d/K_a$。

（8）K_m K_m 为米氏常数（Michaelis-Menten constant），为酶本身的一种特征参数，其物理意义为当酶促反应达到最大反应速率一半时底物 S 的浓度。K_m 的大小只与酶的性质有关，而与酶的浓度无关，但是随着测定的底物、温度、离子强度和 pH 的不同而不同。当 k_2 远远大于 k_3，K_m 近似等于 ES 的解离常数 K_d。K_m 越小，意味着 K_d 越小，酶与底物的亲和力越高。

$$K_m = \frac{k_2 + k_3}{k_1}$$

上述表示方法中 IC_{50}、K_i、K_d、K_a、k_{on}、k_{off}、K_D 均能反映药物与蛋白质相互作用的大小。那这些值在什么样的范围内才有可能得到药物与蛋白质复合物的晶体结构呢？其实这没有一个明确的值，当这些值在微摩尔浓度的时候，表示药物与蛋白质有结合，只是结合力不强，这种情况下蛋白质中加入药物之后，可能其中只有部分蛋白质结合了药物，而另一部分蛋白质未结合药物，结合了药物的蛋白质分子和未结合药物的蛋白质分子属于不同的分子，难以形成均相的体系，从而较难结晶。而当药物与蛋白质的结合力进一步提升至纳摩尔浓度范围内时，未结合药物的蛋白质浓度越来越低，这时蛋白质体系变得更加均相，结晶的可能性就更高。因此从多数报道的药物与蛋白质结合的复合物晶体中发现，多数形成复合物晶体的药物与蛋白质的结合率在纳摩尔浓度范围。

10.2 药物与蛋白质相互作用研究方法

10.2.1 酶活测试方法

多数酶的重要特性就是能够将特异性的底物催化成新的产物，而针对这类酶的药物就是和底物竞争性地结合在催化位点而导致酶对底物的催化活性变弱。因此可以通过酶活性的测定来确定药物对酶的抑制活性。因为底物的特异性，所以酶活的测定并没有统一的方法，因此不同的酶需要建立不同的酶活测定方法。最常见的就是基于底物和催化产物对紫外线或荧光吸收的不同而建立的酶活测试方法。如有些蛋白水解酶可以识别并水解特定的肽键，如果设计一种含有被识别的肽键且连接了荧光基团的底物时，蛋白水解酶就会特异性地水解酰胺键来产生不同荧光吸收的底物，如图 10-2 所示，蛋白水解酶可以将与肽通过酰胺键相连的 7-氨基-4-甲基香豆素水解成单独的甲基香豆素（AMC），在未被水解前，AMC 的荧光被淬灭，在 345nm/445nm 波长下相对荧光强度（RF）很弱，当被水解成 AMC 时，AMC 在 345nm/445nm 波长下相对荧光强度将增强很多倍，这样就可以通过检测 345nm/445nm 波长下相对荧光强度来判断酶活性。而当药物和底物竞争性地结合在催化位点时，酶活就变弱，最终导致水解的 AMC 量变少，荧光吸收值变小。因此可以通过荧光值的大小来判断药物的抑制活性，这种情况下通常用 IC_{50} 或 K_i 来表示活性。

Ex: 325 nm
Em: 395 nm
RF: 1.13

蛋白水解酶

Ex: 345 nm
Em: 445 nm
RF: 2.72

图 10-2　蛋白水解酶对连有 AMC 的底物的水解

10.2.2　表面等离子体共振

表面等离子体共振（surface plasmon resonance，SPR）：光在棱镜与金属膜表面上发生全反射现象时，会形成消逝波进入到光疏介质中（金属介质），而在介质中又存在一定的等离子波。当两波相遇时可能会发生共振。当消逝波与表面等离子波发生共振时，检测到的反射光强会大幅度地减弱。能量从光子转移到表面等离子，入射光的大部分能量被表面等离子波吸收，使反射光的能量急剧减少。这时对应的入射角 θ 为 SPR 角，也叫临界角。SPR 角随金表面折射率变化而变化，而折射率的变化又与金表面结合的分子质量成正比。因此可以通过生物反应过程中 SPR 角的动态变化获取生物分子之间相互作用的特异信号。

SPR 的检测原理如图 10-3 所示[1]，先将一种生物分子（biomolecule）键合在生物传感器表面，再将含有另一种能与靶分子产生相互作用的生物分子或配体药物的溶液注入并流经生物传感器表面。当分析物（analyte）与生物分子发生结合时会引起生物传感器表面质量的增加，导致折射指数按同样的比例增强，生物分子间反应的变化即被观察到。这种反应用反应单位（RU）来衡量：$1RU=1pg$ 蛋白质 $/mm^2=1\times10^{-6}RIU$（折射指数单位）。在分析物分子与受体分子结合时，入射光的临界角从角度 α 变为角度 β。如果固定的受体分子和分析物分子之间发生相互作用，金膜表面的折射率会发生变化，这被视为信号强度的增加。在实验开始时，所有固定的受体分子都没有暴露于分析物分子，并且 RU 对应于起始临界角 α。分析物分子被注入流通池后如果它们与固定的受体分子结合，则存在一个结合位点被占据的结合（association）阶段，该曲线的形状可用于测量结合速率（K_{on}）。当达到稳态时（本例中所有结合位点都被占据），RU 对应于改变的最终临界角 β。该最大 RU 与固定受体和分析物分子的浓度有关，因此可用于测量结合亲和力（K_D）。当分析物分子从连续流动中移出时，会出现一个解离（dissociation）阶段，在此期间结合位点未被占据，该曲线的形状可用于测量解离速率（K_{off}）。当完成测试之后，所有分析物被冲离生物分子，表明又回到初始状态，这个过程叫作再生（regeneration）。

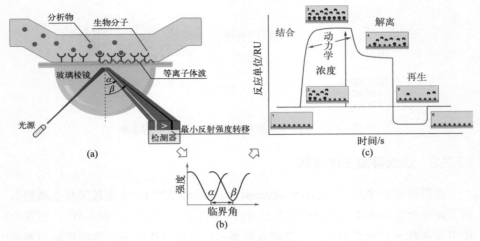

图 10-3 SPR 的原理

（a）表面等离子体共振的原理；

（b）芯片表面生物分子结合分析物前后临界角的变化；

（c）芯片表面生物分子结合分析物过程中 RU 值的变化

利用 SPR 技术可以研究蛋白质-蛋白质、蛋白质-DNA/RNA、抗体/抗原、蛋白质-小分子等的相互作用。目前 Biacore 是整合 SPR 技术最好也是应用最广泛的仪器设备。该设备广泛应用于小分子药物与蛋白质相互作用的研究中。但是该技术用于小分子药物与蛋白质相互作用的研究时，需要注意以下几点：①蛋白质的偶联量越大越好，通常至少要高于 7000 多。这是因为小分子化合物相对于蛋白质来说，分子量很小，如果蛋白质的偶联量较小时，即使结合率高，引起的 RU 值的变化也仍然很小，很容易会掩盖在背景当中。②小分子药物通常溶解于二甲基亚砜（DMSO），而 DMSO 会产生较大的 RU 值，因此当药物含有 DMSO 时，一定要做校正，不然容易出现假阳性。

10.2.3　生物膜干涉技术

生物膜干涉技术（biolayer interferometry，BLI）是利用光纤生物传感器来实时检测干涉光谱的位移变化来检测传感器表面的反应，进而进行生物分子间相互作用的定量分析以及蛋白质浓度的测定。该技术是一种无标记、实时检测技术。

当两束或几束光波相遇时，会进行叠加，这种现象称为光的干涉。当给予传感器白光照射时，两个光学镀膜层界面就会发生反射，进而形成干涉。一旦结合在传感器表面的分子的厚度和密度发生变化，干涉光谱图便随之发生变化。BLI 技术就是利用光的干涉现象实时监测整个分子间的结合过程，并计算出分子间的亲和力（K_D）、结合常数（K_a）、解离常数（K_d）等重要数据。BLI 检测原理如图 10-4 所示，生物分子结合到传感器末端会形成一层生物膜，当进行样品检测时传感器会进到液面以下，接下来一束可见光从光谱仪射出并垂直入射生物膜层，光在生物膜层的两个界面反射后叠加形成一束干涉波。当固定分子与溶液中待检测分子发生相互作用时会导致传感器末端分子量的改变，从而导致生物膜层厚度和密度的增加，生物膜层厚度的变化可导致干涉光波发生相对位移，干涉光谱曲线向波长增加的方向移动。这两束干涉光谱图中间就有一个位移差的发生，可通过实时检测这个光干涉信号的变化，然后转化为实际的信号响应值，如果分子发生解离则会导致位移差的减小。因此，结合到传感器表面的待测分子一旦有数量上的增减，BLI 技术便会实时地捕获到干涉光谱的位移，而这种位移可直接反映出传感器表面生物膜层的厚度及密度变化，从而可对待测分子间的相互作用过程进行精确的定量测定。

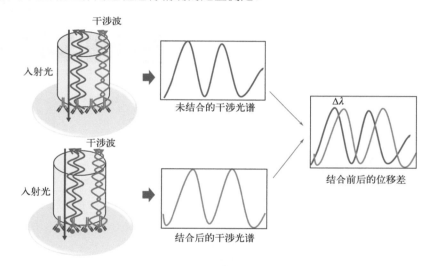

图 10-4　BLI 技术的原理

使用 BLI 技术筛选药物或者研究药物与蛋白质相互作用的时候，可以先将蛋白质分子固定到传感器末端，然后让传感器伸入含有不同浓度药物的液体中，如果药物分子和蛋白质发生相互作用，会改变传感器末端生物膜层的厚度和密度，从而产生有不同位移差的干涉光谱图。基于不同药物浓度下的干涉光谱图，可以模拟出药物与蛋白质之间的结合力。

10.2.4 微量热泳动技术

微量热泳动技术（micro scale thermophoresis，MST）是一种基于检测在温度梯度中的生物分子电泳迁移率的变化来检测生物分子间结合、解离过程，以获取分子间相互作用的模式和动力学常数等方面信息的新技术。当进行 MST 实验的时候，样品由红外激光加热产生一个微观的温度梯度场，再通过共价结合的荧光染料或色氨酸自发荧光来监测和定量分子的定向运动。其原理如图 10-5 所示，蛋白质分子起初均匀地分布在溶液中，而当其受到红外激光的照射后，蛋白质分子所处的环境会产生一个温度梯度场，温度升高区域的分子会往外扩散而导致浓度发生变化。在变化过程中可以通过检测共价结合的荧光染料或色氨酸自发的荧光值来测定加热前后荧光值的变化，通常用 F_{norm}（normalized fluorescence）来表示，$F_{norm}=F_{hot}/F_{cold}$，$F_{cold}$ 为加热前的荧光值，即蛋白质均匀分布在溶液中的荧光值。当蛋白质浓度一定时，F_{cold} 为一定值。F_{hot} 为加热后加热区域内蛋白质分子的荧光值，与加热后蛋白质分子的浓度成正比，而蛋白质分子的浓度受到迁移速率的影响。当蛋白质未结合其他分子时（即不和别的分子发生相互作用），其迁移速率最快，导致加热区域内蛋白质分子的浓度最低，

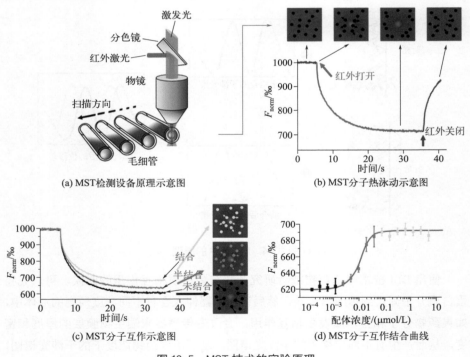

(a) MST检测设备原理示意图

(b) MST分子热泳动示意图

(c) MST分子互作示意图

(d) MST分子互作结合曲线

图 10-5　MST 技术的实验原理

F_{hot} 和 F_{norm} 最小，而当蛋白质结合其他分子时（即和别的分子发生相互作用），其迁移速率减慢，导致加热区域内蛋白质分子的浓度慢慢升高，F_{hot} 和 F_{norm} 将随着相互作用的增大而变大。F_{norm} 的变化曲线是一种随着蛋白质分子的迁移而测定的实时变化曲线[2]。

因此，MST 技术可以用于靶标蛋白与药物分子之间的相互作用测试，当药物分子能够结合在靶标蛋白上时，其会导致蛋白质分子的空间构象、分子量、电荷等参数发生变化，这种变化最终会导致蛋白质迁移速率的变化，从而导致 F_{hot} 和 F_{norm} 发生变化。通过不断增加药物的浓度，可以测定出不同药物浓度下的 F_{norm} 曲线，最终拟合出药物分子与蛋白质分子间的亲和力 K_d 值[3,4]。

10.2.5 荧光偏振实验

荧光偏振（fluorescence polarization，FP）实验原理如图 10-6 所示，经偏振滤光片产生的荧光偏振光激发荧光分子后，其在荧光寿命时间 τ 内会发生旋转，并可在不同方向发射不同的发射光。带有荧光偏振模块的酶标仪将会检测到在平行方向的荧光发射强度 $I_{\parallel}$ 和垂直方向的荧光发射强度 $I_{\perp}$，然后可根据公式（10-1）计算出 FP（单位为 mP）值，其中 G 为纠正 $I_{\perp}$ 偏差的因子。当荧光分子未结合在大分子上时，旋转较快，旋转相关时间 θ 较大，从而表现为去极化，$I_{\parallel} \approx I_{\perp}$，最终 FP 值较小。而当荧光分子结合在大分子上时，旋转较慢，旋转相关时间 θ 较小，从而表现为极化，$I_{\parallel} \gg I_{\perp}$，最终 FP 值较大。这种荧光分子通常为蛋白质的底物或已知抑制剂连接一个荧光基团。

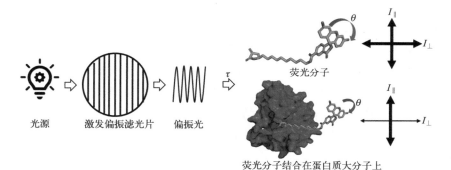

图 10-6　FP 实验的原理

$$FP(mP) = \frac{I_{\parallel} - I_{\perp} \times G}{I_{\parallel} + I_{\perp} \times G} \times 1000 \tag{10-1}$$

此方法用于药物筛选时，属于药物与荧光分子竞争性结合在蛋白质活性位点。当被筛选化合物结合在活性位点时就会阻挡荧光分子与蛋白质分子的结合，使得荧光分子游离在环境中，荧光偏振光激发荧光分子后表现为去极化，这时 FP 值较低，最终可根据不同化合物浓度下 FP 值的变化计算出活性成分的 K_i 和 IC_{50} 值[5]。

这种基于荧光值的检测方法具有较高的灵敏度，其荧光分子在纳摩尔浓度（nmol/L）范围就能满足检测要求。但是 FP 方法并不能满足所有类型的药物筛选。FP 方法能否满足药物筛选要求可根据 Z' 因子来判断[6]，计算公式见式（10-2），其中 $Mean_{c+}$ 和 $Mean_c$ 分别为探针结合蛋白质时最大 mP 值的均值和探针未结合蛋白质时最小 mP 值的均值；SD_{c+} 和 SD_c 分别为对应的标准差。当 $Z' \geqslant 0.4$ 时说明探针分子与蛋白质结合前后的 FP 值变化较大，探针分子针对蛋白质的结合率较高（K_d 较小），认为此方法可以用于高通量药物筛选（HTS）。当 $Z' < 0.4$ 时说明探针分子与蛋白质半胱氨酸（Cys）的结合率较低，不适合用于 HTS。此公式为 FP 方法能否用于相关蛋白质的药物筛选提供了判断的依据。

$$Z' = 1 - \frac{3(SD_{c+}) + 3(SD_{c-})}{|Mean_{c+} - Mean_{c-}|} \tag{10-2}$$

FP 实验需要一台带有荧光偏振模块的酶标仪。该方法具有检测速度快的特点，带有荧光偏振模块的酶标仪能在毫秒内完成对 1 个样品 $I_\parallel$ 和 $I_\perp$ 值的读取。这种快速的检测方法结合多孔板的实验设计，即可完成 HTS。基于上述原因，FP 方法已经被广泛应用于 HTS。

目前基于荧光偏振的药物筛选方法主要分为以下两种。

① 通过被筛选化合物和荧光标记的多肽分子竞争性结合在活性位点而改变 FP 值来筛选。此类方法主要用于蛋白质-蛋白质相互作用（PPI）中的抑制剂的筛选，如 MDM2 抑制剂和 BCL-2 抑制剂的筛选。抑癌基因 p53 的功能会被 MDM2 蛋白抑制，因此抑制 MDM2-p53 之间的相互作用成为一种抗癌药物筛选的思路。它们之间的相互作用是 p53 蛋白中的一段 α 螺旋插入 MDM2 蛋白的活性位点（图 10-7）[7]。通过分析 p53 蛋白中结合在 MDM2 上的 α 螺旋结构，后期发现了很多针对这个位点的多肽抑制剂。其中 PMI 就是一个结合活性较好的抑制剂[8]，这种短肽抑制剂可以设计成 FP 实验时的竞争性结合探针分子（PMI-FAM）。当没有药物与 MDM2 结合时，PMI-FAM 会全部结合在 MDM2 上，PMI-FAM 在溶液中的旋转较慢，发生极化，导致 FP 值最大。而当 PMI-FAM 与 MDM2 不结合时，PMI-FAM 在溶液中以去极化的形式快速旋转，此时 FP 值最小。当筛选药物时，如有药物结合在 MDM2 时，就会阻碍 PMI-FAM 与 MDM2 的结合，从而降低 FP 值。药物的活性越强，FP 值降低的越多，从而可确定药物对 MDM2 蛋白的 K_i 和 IC_{50} 值。

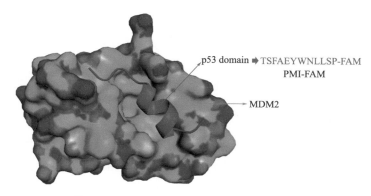

图 10-7　MDM2-p53 相互作用（PDB: 1YCR）

（p53 domain 为 p53 蛋白中用于结合在 MDM2 蛋白上的一段 α 螺旋结构。PMI 为根据这段 α 螺旋
结构设计的一个短肽抑制剂，PMI-FAM 为 PMI 抑制剂的末端连接了荧光基团 FAM）

② Bcl-2 蛋白家族通过调控线粒体外膜结构的完整性来控制细胞的命运，它们可以诱导线粒体外膜的渗透，从而释放细胞色素 c（cytochrome c）并激活下游的胱天蛋白酶（caspase），最终诱导细胞的凋亡。Bcl-2 蛋白家族可分为促凋亡蛋白和抗凋亡蛋白。抗凋亡蛋白通过结合促凋亡蛋白的激活蛋白来抑制细胞的凋亡。它们之间通过一段同源片段相互作用。图 10-8 为抗凋亡蛋白 Bcl-x$_L$ 和促凋亡蛋白激活蛋白 Bim 的 BH3 区相结合的结构（PDB:4QVF）。Bim 的 BH 区为一段 α 螺旋结构，刚好嵌合在 Bcl-x$_L$ 的 BH 结合区域，这样就可以阻断 Bim 蛋白前去激活 Bax、Bak、Bok 等抗凋亡蛋白，起到抑凋亡的活性，容易导致肿瘤发生。因此，基于 Bcl-x$_L$ 的 BH 结合区域来设计阻挡 Bcl-x$_L$ 和促凋亡蛋白的 BH3 相结合的小分子成为抗肿瘤药物设计的方法。在图 10-8 中，与 Bcl-x$_L$ 结合的 Bim 的 BH 区的氨基酸序列为 PWIWIAQELRRIGDEFNAYYA，基于此可以合成荧光标记的多肽序列 PWIWIAQELRRIGDEFNAYYA-FAM，然后通过上述的

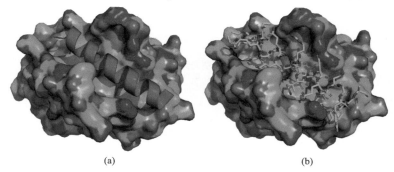

(a)　　　　　　　　　　　　(b)

图 10-8　Bcl-x$_L$ 和 Bim 的 BH3 区域相结合的结构（PDB:4QVF）

[图（a）中红色的 α 螺旋结构和右图中的淡蓝色骨架为 Bim 的 BH3 区域，
图（a）和图（b）中 surface 模式显示的为 Bcl-x$_L$ 的结构]

FP 实验即可评价 Bcl-x_L 与抑制剂之间的亲和力。

除了立体荧光标记的多肽，还可以将已知的高亲和力的抑制剂设计成带荧光基团的分子，通过 FP 方法用于药物的筛选，如筛选蛋白 DCN1 抑制剂时，作者将一种已知抑制剂连接 FAM 的荧光分子作为竞争性分子进行筛选[9]。

10.2.6 荧光共振能量转移

荧光共振能量转移（fluorescence resonance energy transfer, FRET）是指在两个不同的荧光基团中，如果一个荧光基团［供体（donor）］的发射光谱与另一个基团［受体（acceptor）］的吸收光谱有一定的重叠，当这两个荧光基团间的距离合适时（一般小于 100Å），就可观察到荧光能量由供体向受体转移的现象，即以前一种基团的激发波长激发时，可观察到后一个基团发射的荧光（图 10-9）。简单地说，就是在供体基团的激发状态下由一对偶极子介导的能量从供体向受体转移的过程，此过程没有光子的参与，所以是非辐射的，供体分子被激发后，当受体分子与供体分子相距一定距离，且供体和受体的基态及第一电子激发态两者的振动能级间的能量差相互适应时，处于激发态的供体将把一部分或全部能量转移给受体，使受体被激发，在整个能量转移过程中，不涉及光子的发射和重新吸收。如果受体荧光量子产率为零，则发生能量转移荧光熄灭；如果受体也是一种荧光发射体，则呈现出受体的荧光，并造成次级荧光光谱的红移。图 10-9 中，受体分子吸收能量之后电子从基态向激发态跃迁，处于激发态的电子会向低能态跃迁，此过程中，如果受体分子和供体的激发态有重叠时，能量就会从供体分子转移到受体分子，从而产生受体分子红色箭头表示的荧光光谱。

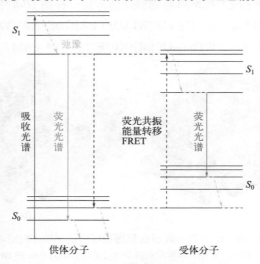

图 10-9 荧光共振能量转移发生的原理

而供体分子原本该产生的荧光（绿色箭头表示）因为能量转移而消失或减弱。

基于上述原理，这种方法可以很好地用于研究生物大分子之间、蛋白质与配体之间、酶与底物之间的相互作用。如图 10-10 所示，X 表示蛋白质，Y 表示蛋白质、配体或底物。首先将要检测的分子 X 和 Y 分别偶联上 D 和 A 荧光物质，分别称之为供体和受体。只有当 D 的发射光谱和 A 的激发光谱存在重叠时才能发生能量转移 [图 10-10（a）]。当分子 X 和 Y 不结合时（即远离时），用 D 的激发波长 405nm 去激发 X 融合蛋白时，它能够产生 D 的发射光（477nm 的蓝色荧光）。如果蛋白质 X 和 Y 间存在相互作用（两者的空间距离需 <10nm），用 405nm 激发分子 X，其产生的蓝光会被融合蛋白 Y 吸收，从而产生 528nm 的黄色荧光，这时，在细胞内将检测不到蓝色荧光的存在。这是因为能量从 X 融合蛋白转移到了 Y 融合蛋白。因此可以利用 528nm 下的荧光强度来判断 X-Y 的相互作用。当用于药物筛选时，如果药物结合在 X 上，就会抑制 X-Y 的结合而降低 528nm 下的荧光强度，从而可以根据 528nm 下的荧光强度来判断药物的活性。

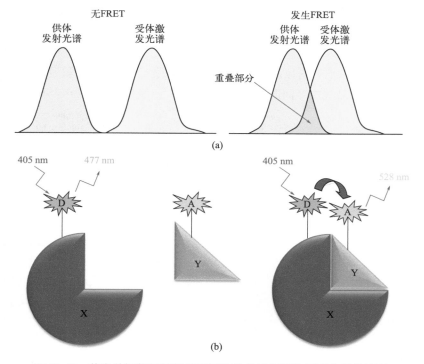

图 10-10　荧光共振能量转移应用于生物分子相互作用研究时的原理

（a）用于标记两个分子 X 和 Y 的荧光基团之间，供体分子的发射光谱和受体分子的激发光谱存在重叠时才能发生能量转移；

（b）X 和 Y 分子结合时，因为用于标记两个分子的荧光基团 D 和 A 在空间上也相互靠近，此时用供体分子的激发光（405nm）可以激发出受体分子的发射光（528nm）

Cai 等人用此方法筛选蛋白质 CNNM3 和蛋白质 PRL2 相互作用的抑制剂[10]。首先给 CNNM3 和 PRL2 分别连接了 Ypet 的黄色荧光基团和 Cypet 的蓝色荧光基团，这两个荧光基团之间的荧光光谱存在重叠，因此可以用于能量转移实验。他们通过检测 Ypet 的发射光谱强度来判断药物的抑制活性。

10.2.7 等温滴定量热法

等温滴定量热法（isothermal titration calorimetry，ITC）是一种研究生物热力学与生物动力学的重要方法，它通过高灵敏度、高自动化的微量量热仪连续、准确地监测和记录一个变化过程的量热曲线，原位、在线和无损伤地同时提供热力学和动力学信息。ITC 可以用于研究蛋白质-蛋白质相互作用（包括抗原-抗体相互作用和分子伴侣-底物相互作用）；蛋白质折叠/去折叠；蛋白质-小分子相互作用以及酶-抑制剂相互作用；酶促反应动力学；药物-DNA/RNA 相互作用；RNA 折叠；蛋白质-核酸相互作用；核酸-小分子相互作用；核酸-核酸相互作用；生物分子-细胞相互作用等[11-13]。

如图 10-11 所示，ITC 仪器包含一个参照池和一个样品池。参照池通常加入纯水，样品池加入待研究对象中的一种（一般为大分子，如蛋白质），而滴定器里则装有另一种研究对象，称之为配体（例如化合物）。在实验过程中，配体被可控地滴入样品池中（同时伴随充分混合），一般为 0.5 ～ 2μL，直到样品池

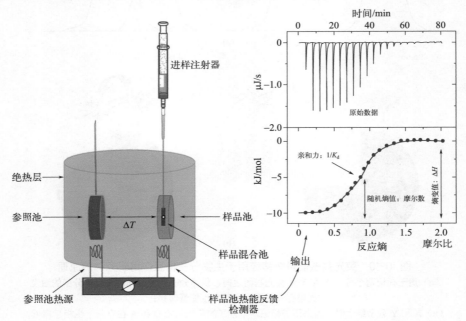

图 10-11 ITC 仪器的构造和原理示意图[14]

中的配体浓度 2～3 倍过量于样品池中的蛋白质浓度。每次滴定会产生一个热量脉冲，通过对每一次滴定时热量的积分并对浓度进行归一化处理，以摩尔放热量（kcal/mol）对摩尔比率（配体 / 样品）作图，再选择拟合合适的结合模型（binding models），获取结合相关的亲和力（K_d）、化学结合计量比（n）、焓变（ΔH）和熵变（ΔS）等参数。

ITC 相对于 Biacore，有以下优缺点。优点：①不需要昂贵的耗材，也不需要对蛋白质进行标记，而 Biacore 需要昂贵的芯片等耗材；②操作相对简单。缺点：①需要的蛋白质样品量较大，如果是用户自己表达的蛋白质还可以，如果靠购买来完成 ITC 实验成本较高。②一次只能滴定一个样品，滴定完之后如果再滴定另一个样品，则需要更换新的蛋白质，因为之前的蛋白质已经加入了上一个样品，如果上一个样品有活性，则已占领了活性位点；而 Biacore 可以洗脱已经结合的配体，让结合在芯片上的蛋白质可以多次测试拟结合的样品。

10.2.8　Pull-down 实验

Pull-down 实验是一种有效的验证蛋白质之间相互作用的体外实验技术，常用来验证蛋白质之间的相互作用。Pull-down 实验基本原理是将靶蛋白亲和固定在基质上，充当"诱饵蛋白"，当细胞抽提液或者其他含有目的蛋白的溶液过柱时，与靶蛋白相互作用的目标蛋白可以结合到基质上，其他非作的杂质蛋白则随溶液流出。通过洗脱液或者洗脱条件可以将吸附的互作蛋白洗脱下来，使用蛋白质印迹法（Western blot）或者质谱进行检测。

Pull-down 实验也可以用于药物的筛选。其原理如图 10-12 所示，将已经确定的两个可以相互作用的蛋白质之一（蛋白质 A）固定在基质上（如利用 GST 标签挂在谷胱甘肽树脂上），然后比较加入药物前后对另一个蛋白质（蛋白质 B）的捕获能力，如果加入药物之后，相对于未加药物之前，蛋白质 A 对蛋白质 B 的捕获能力减弱，即说明药物对蛋白质 A 和蛋白质 B 的相互作用有抑制活性。图 10-12 中，蛋白质 B 的条带越浅说明化合物的活性越好。

10.2.9　LC/MS 实验

液相色谱-质谱法（LC/MS）在药物与蛋白质相互作用的研究中主要有两种应用。第一种是针对共价结合药物的确定。质谱（MS）检测蛋白质的分子量时蛋白质会发生变性，此时非共价键结合药物会脱落结合位点，检测不到药物与蛋白质的结合。但是针对共价结合的药物，因为药物和蛋白质中的氨基酸已经形成了共价键，即使蛋白质发生了变性，药物仍然连接在蛋白质上，这时通过比较药物结合前后分子量的差异就能确定药物是否共价结合在蛋白质上。如图 10-13

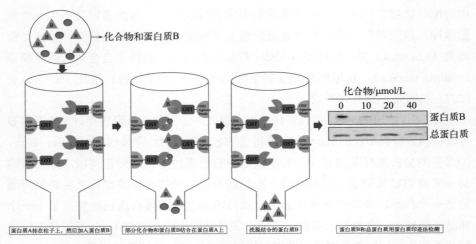

图 10-12　Pull-down 实验用于药物筛选时的原理

（红色圆圈表示药物，蓝色三角形表示蛋白质 B，GSH Agarose Beads 为谷胱甘肽树脂）

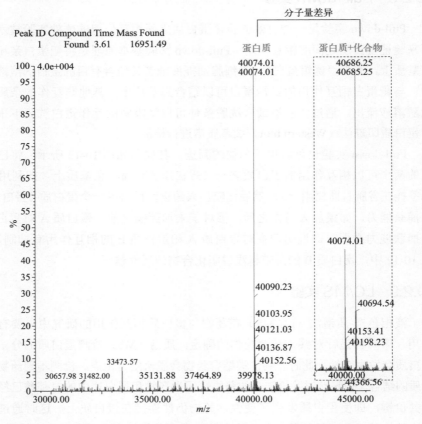

图 10-13　质谱判断药物是否共价结合于蛋白质的示意图

所示，蛋白质不和共价药物孵育时，质谱检测到的分子量只是蛋白质本身的分子量，当蛋白质和共价药物孵育后，质谱检测到的分子量是蛋白质和药物的总分子量，此时通过计算两个分子量的差异是否等于药物的分子量就可以判断出药物是否共价结合在蛋白质上[9,15]。

LC/MS 在药物筛选的第二种应用就是利用超高效液相色谱和高分辨质谱对酶的底物进行定量分析，从而检测酶的活性及药物对酶活的抑制活性。如五型磷酸二酯酶（PDE5）抑制剂的筛选（图 10-14），PDE5 可以将底物环磷酸鸟苷（cGMP）转化为鸟苷酸（GMP）。cGMP 和 GMP 在超高效液相色谱中具有不同的保留时间，因此可以分开，另外两种的分子量也具有明显的差异，可以在高分辨质谱中检测到，从而可实现精准的定量分析。这样就可以通过检测加入药物后 cGMP 的减少量或 GMP 的生成量来判断药物对 PDE5 的抑制活性。

10.2.10　核磁共振波谱

核磁共振波谱（NMR）可以检测到处于不同化学环境中的原子核，除了用于有机化合物的结构分析外，还被用于蛋白质结构的研究。PDB 数据库中有约5% 的结构是通过 NMR 的方法来解析的，因此基于 NMR 的蛋白质结构解析和蛋白质晶体学一样已经发展成为一门学科，里面包含了复杂的原理和解析方法，本书不再讲解。但是基于 NMR 解析蛋白质的部分原理，其还可用于研究药物与蛋白质的相互作用。其方法主要分为基于配体的方法和基于蛋白质的方法[16]。前者主要是关注配体结合蛋白质前后在 NMR 上的信号改变，如配体和蛋白质结合之后，导致其横向弛豫时间 T2 缩短[17]，则这种变化可以通过 T2 和 T1ρ-过滤实验来检测[18,19]。后者主要是观测配体结合之后蛋白质上的一些 NMR 信号发生的变化。如蛋白质活性位点的 NMR 信号在配体结合前后发生变化，但是这需要对蛋白质进行同位素标记来增强 NMR 信号，这种标记可以在蛋白质表达的过程中通过使用同位素标记的原料来实现[20]。

10.2.11　蛋白质晶体学方法

由蛋白质晶体的衍射数据不仅可以看到蛋白质结构的密度图，而且还能看清结合配体的密度图。当药物和蛋白质具有较高的亲和力时，如果让蛋白质和药物一起结晶，那么在得到的晶体衍射数据中就能看到药物的密度图。这是所有研究药物和蛋白质相互作用的方法中最有力的方法，因为从密度图中就可以看到药物是否结合在蛋白质中。此外，药物和蛋白质的复合物晶体衍射数据还能告诉我们药物结合在蛋白质的哪个位点、和哪些氨基酸发生了相互作用、药物在结合位点与蛋白质形成了哪些相互作用等信息。因此，该方法成为药物学

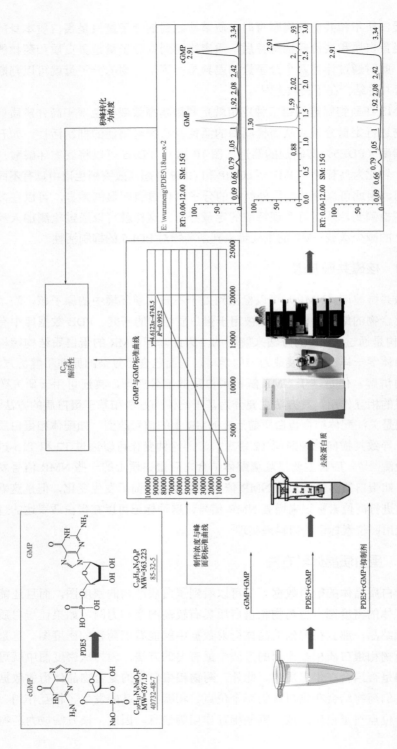

图 10-14 LC/MS 方法用于 PDE5 抑制剂的筛选思路

家最终确定靶向药物是否与作用蛋白质结合的终极方法。如图 10-15 所示为化合物 AMG 176 结合在蛋白质 MCL1 上的电子云密度图（PDB：6OQN），其中MCL1 蛋白为 BCL2 蛋白家族中的抗凋亡蛋白，对这类蛋白质的活性抑制有助于促进细胞的凋亡，从而起到抗肿瘤的作用。研究者得到了 MCL1 与 AMG 176 的复合物晶体，解析后就可以清楚地看到 AMG 176 的电子云密度图。

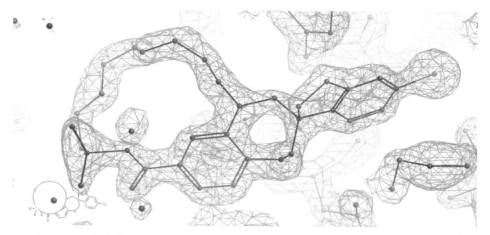

图 10-15　化合物 AMG 176 结合在蛋白质 MCL1 上的电子云密度图（PDB: 6OQN）

参考文献

[1] Patching S G. Surface plasmon resonance spectroscopy for characterisation of membrane protein-ligand interactions and its potential for drug discovery [J]. Biochim Biophys Acta, 2014, 1838: 43-55.

[2] Wienken C J, Baaske P, Rothbauer U, et al. Protein-binding assays in biological liquids using microscale thermophoresis [J]. Nat Commun, 2010, 1: 100.

[3] Asmari M, Ratih R, Alhazmi H A, et al. Thermophoresis for characterizing biomolecular interaction [J]. Methods, 2018, 146: 107-119.

[4] Jerabek-Willemsen M, Wienken C J, Braun D, et al. Molecular interaction studies using microscale thermophoresis [J]. Assay Drug Dev Technol, 2011, 9: 342-353.

[5] Hall M D, Yasgar A, Peryea T, et al. Fluorescence polarization assays in high-throughput screening and drug discovery: A review [J]. Methods Appl Fluoresc, 2016, 4: 022001.

[6] Zhang J H, Chung T D, Oldenburg K R. A simple statistical parameter for use in evaluation and validation of high throughput screening assays [J]. J Biomol Screen, 1999, 4: 67-73.

[7] Kussie P H, Gorina S, Marechal V, et al. Structure of the MDM2 oncoprotein bound to the p53 tumor suppressor transactivation domain [J]. Science, 1996, 274: 948-953.

[8] Li X, Tolbert W D, Hu H G, et al. Dithiocarbamate-inspired side chain stapling chemistry for peptide drug design [J]. Chem Sci, 2019, 10: 1522-1530.

[9] Zhou H, Lu J, Chinnaswamy K, et al. Selective inhibition of cullin 3 neddylation through covalent

targeting DCN1 protects mice from acetaminophen-induced liver toxicity [J]. Nat Commun, 2021, 12: 2621.

[10] Cai F, Huang Y, Wang M, et al. A FRET-based screening method to detect potential inhibitors of the binding of CNNM3 to PRL2 [J]. Sci Rep, 2020, 10: 12879.

[11] Claveria-Gimeno R, Vega S, Abian O, et al. A look at ligand binding thermodynamics in drug discovery [J]. Expert Opin Drug Discov, 2017, 12: 363-377.

[12] Holdgate G A, Ward W H. Measurements of binding thermodynamics in drug discovery [J]. Drug Discov Today, 2005, 10: 1543-1550.

[13] Geschwindner S, Ulander J, Johansson P. Ligand binding thermodynamics in drug discovery: Still a hot tip? [J]. J Med Chem, 2015, 58: 6321-6335.

[14] Song C, Zhang S, Huang H. Choosing a suitable method for the identification of replication origins in microbial genomes [J]. Front Microbiol, 2015, 6: 1049.

[15] Both D, Steiner E M, Stadler D, et al. Structure of LdtMt2, an L,D-transpeptidase from *Mycobacterium tuberculosis* [J]. Acta Crystallogr D Biol Crystallogr, 2013, 69: 432-441.

[16] Sugiki T, Furuita K, Fujiwara T, et al. Current NMR techniques for structure-based drug discovery [J]. Molecules, 2018, 23: 148.

[17] Ghitti M, Musco G, Spitaleri A. NMR and computational methods in the structural and dynamic characterization of ligand-receptor interactions [J]. Adv Exp Med Biol, 2014, 805: 271-304.

[18] Hajduk P J, Olejniczak E T, Fesik S W. One-dimensional relaxation- and diffusion-edited NMR methods for screening compounds that bind to macromolecules [J]. J Am Chem Soc, 1997, 119: 11257-12261.

[19] Salvi N, Buratto R, Bornet A, et al. Boosting the sensitivity of ligand-protein screening by NMR of long-lived states [J]. J Am Chem Soc, 2012, 134: 11076-11079.

[20] Hiroaki H. Recent applications of isotopic labeling for protein NMR in drug discovery [J]. Expert Opin Drug Discov, 2013, 8: 523-536.

第 11 章

蛋白质晶体学在药物发现中的应用

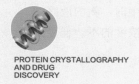

PROTEIN CRYSTALLOGRAPHY
AND DRUG
DISCOVERY

11.1 药物和蛋白质复合物晶体的培养

在结构生物学中，结合了配体分子的蛋白质结构称为 holo-structure，未结合配体分子的蛋白质结构称为 apo-structure。通过高通量筛选及结构优化可得到一些高亲和力的配体分子，但是此时药物分子和靶标蛋白是如何结合在一起并不清楚。此时培养药物与蛋白质复合物晶体并解析出其复合物结构尤为重要，其可从微观层面展示出药物分子是如何结合在蛋白质的活性位点以及二者之间的相互作用有哪些。可见蛋白质晶体学是提供药物和蛋白质相互作用物理证据的强有力手段[1,2]。培养药物与蛋白质复合物晶体的方法主要有如下两种。

11.1.1 共孵育

共孵育的方法就是让药物和蛋白质先一起孵育，孵育时间根据亲和力来定，通常孵育过夜较好。然后再根据第 4 章中介绍的晶体培养方法进行培养。需要注意的是药物和蛋白质孵育后药物会结合在蛋白质的活性位点，这有时候会导致活性位点的蛋白质构象发生变化。因此相对于 apo-structure，此时的蛋白质结构已经发生了一定的变化，因此适用于 apo-structure 的结晶条件有可能不再适合于结合了药物的蛋白质的结晶，这种情况下需要重新筛选结晶条件。此外，当药物对靶标蛋白的亲和力不高时，蛋白质溶液中结合药物和不结合药物的蛋白质均存在，是一种非均相体系，这种情况下可能难以结晶。

11.1.2 浸泡

浸泡（soak）的方法是先得到 apo-structure 的晶体，然后让晶体和药物一起孵育一段时间，在孵育的过程中药物会进入晶体并结合在位点。蛋白质形成晶体后为什么药物还能进入晶体呢？这是因为晶体中除了蛋白质还有很大比例的溶剂，这些溶剂即使位于晶体内，也仍然进行着布朗运动。配体分子会扩散到这些晶体内的溶剂中，再进一步到达活性位点。具体的试验方法就是向含有 apo 结构晶体的液滴中加入药物进行孵育，药物的浓度需要根据蛋白质结晶时的浓度和与药物的亲和力进行计算。如果液体中含有的晶体数量较多时，可以先捞取 1 ~ 3 个晶体到新的液体中，然后再加入药物，待孵育结束后直接进行冷冻，孵育时间通常需要 12 ~ 24h。将蛋白质晶体捞取到新的液滴中时，新的液滴的组成要和原液体的条件相近，不然晶体会因内外环境中离子浓度的不一样受到损伤。

11.2 药物的确认和结构的构建

11.2.1 药物的确认

对药物是否结合在蛋白质上进行判断很简单，只需仔细检查差异密度图中是否有多余且和药物的结构相符合的密度图存在即可。通常情况下，研究人员已经清楚药物结合的位点，这种情况下只需检查在此位点周围相较于 apo-structure 是否多出药物的密度图。在不清楚结合位点的情况下，COOT 中有寻找差异密度图的工具，称为 Difference Map Peak Analysis（位于 Validate 模块下），其可以快速地找出包括水分子在内的所有差异密度图，并根据密度图大小进行排序，用户可以快速从这些差异密度图中寻找属于药物的密度图[3]。

11.2.2 药物结构的构建

当发现药物的密度图之后，就需要构建药物的结构并加载到这块差异密度图中。较为常用的方法就是利用 COOT 中的配体构建模块。在蛋白质晶体学中，配体不单指药物，还包含溶剂中的一些分子，如结晶时加入的沉淀剂分子等。COOT 中具有一个配体数据库，其中已经收集了多数常用的配体分子，如乙酸分子、HEPES 等，但是研究的药物配体往往是不常见的分子，这时需要自己构建并添加进去。利用 CCP4i2 和 COOT 添加配体操作流程如下：

① 首先用 COOT 中的配体构建（ligand building）模块画出自己需要添加的配体（ligand），然后保存为一个 mol 文件（COOT → calculate → ligand builder），也可以用别的化学结构软件如 ChemOffice 来准备 mol 文件。

② 用 CCP4i2 下 Ligands 模块中的 Make Ligand-AceDRG 模块建立配体，并给予新的配体一个由三个字母组成的标签，点击运行后会再次跳出 Ligand Builder 界面，这时点击 apply 然后关闭窗口，程序会继续运行，待完成后会产生一个以三个字母为名称的 cif 格式文件。

③ 用 COOT 把这个新的 cif 文件导入到配体的数据库中（COOT → File → Import CIF dictionary）。

④ COOT 中把坐标原点放在需要添加配体的地方，然后添加配体（COOT → Get monomer），待调整好配体的位置后需要将蛋白质和配体分子整合为一个分子才可以保存结构文件（COOT → Edit → Merge molecules）。

⑤ 对于共价结合的配体在电子云密度图上不一定能看出是不是共价结合，而只能看到在期望的共价结合的部位有 positive 的密度图，因此是否是共价结合还需要其他实验来证明，最常用的方法是质谱法，即通过检测配体结合前后分

子量的变化来判断蛋白质是否共价结合了配体。此外，Ellman 反应可以用于检测在蛋白质半胱氨酸上通过麦克加成反应共价结合的配体。对于共价结合的配体可以使用 COOT 中的 JLigand 程序进行构建。

11.3　蛋白质晶体结构在药物筛选中的应用

11.3.1　虚拟筛选

近年来，随着人工智能算法的不断改进，基于计算机模拟技术的虚拟筛选方法由于省时、省力、省钱的特点成为药物筛选过程中的首选方法。其原理为：利用计算机算法计算药物结构与靶标蛋白活性位点周围氨基酸残基之间的相互作用，如范德华力、氢键、疏水作用、亲水作用、盐桥等，从而预测出药物分子与靶标蛋白之间的亲和力[4]。

虚拟筛选的过程需要配体分子（药物）、受体分子（靶标蛋白）和算法（对接软件）。配体分子通常为药物学家用于筛选先导化合物的化合物库，具有一定沉淀的科研院所和制药企业都已经部署了自己特有的化合物库来用于虚拟筛选。受体分子即为疾病相关的靶标蛋白，在虚拟筛选中指的是靶标蛋白的三维结构。蛋白质晶体结构由于具有更好的分辨率，在解析靶标蛋白活性位点的精细结构时具有更高的精准性，使得其在药物虚拟筛选中更具优势。因此蛋白质晶体学为药物虚拟筛选提供了更精确的靶标蛋白结构[5-7]。

11.3.2　从头药物设计

虚拟筛选只能对已知的化合物库进行筛选，以寻找出满足特定性质的分子。但是从头药物设计则不同，旨在通过分子生成的方法，生成具有特定性质的全新分子。这种设计还是以蛋白质晶体学获得的靶标蛋白的结构为基础，即可以根据靶标蛋白活性位点周围氨基酸残基的特征设计出不同的潜在活性基团，然后再连接起来[8]。很多传统的从头药物设计算法基于计算化学的生长算法或遗传算法，通过连接"积木"以生成新的分子。但这种从头生成算法经常需要在产生新分子与优化各种分子性质间折中，也就是说，产生出的很多新分子缺乏诸如易合成、理化性质较好等性质，需要进一步优化。

11.3.3　结构修饰改造

蛋白质晶体结构在药物结构修饰方面发挥着重要作用[9]。药物学家利用分子模拟技术或者根据蛋白质与药物的复合物晶体结构能够清晰地观察到药物分子与靶标蛋白之间的相互作用，这时就可以根据靶标蛋白活性位点周围的氨基酸残基特征，来修改药物分子的结构，以便增强药物分子与靶标蛋白的相互作用。作者在前期研究中从瑞香属植物中发了一个 DPP-Ⅳ 蛋白的抑制剂 Iso-daphnetin，其可用于糖尿病的治疗，但是活性相对较弱，对 DPP-Ⅳ 蛋白的 IC_{50} 只有 14.13μmol/L[10]。后期研究者基于该分子与 DPP-Ⅳ 蛋白的相互作用模式，对其结构进行了改造和修饰，从而获得一个具有治疗糖尿病的先导化合物。研究者首先将 Iso-daphnetin 改造成化合物 **1**（图 11-1），其保留了 Iso-daphnetin 的基本骨架，将其中一个环上的吸电子基团替换成更强的氟基团，同时将内酯环替换成苯环并加上甲氧基吸电子基团。蛋白质晶体学研究发现其两个甲氧基上的氧原子能够和 DPP-Ⅳ 蛋白 583 位的精氨酸上的氮原子形成氢键（PDB ID: 5J3J）[11]。但是在活性测试的过程中发现该化合物在体内易被代谢，不利于慢性病的服药需求。为了延长其体内药效，研究者又基于 DPP-Ⅳ 蛋白活性位点周围氨基酸残基的特征，将其中一个甲氧基修改成氰基，从而缩短了与 583 位的精氨酸的间距，增强了氢键作用，这个改造大大降低了其在体内的代谢速度。活性研究表明其在体内活性可持续一周[12]。可见针对 Iso-daphnetin 分子的结构改造分为了两步，第一步首先通过结构修饰来提升化合物的活性，在此过程中蛋白质晶体学研究在微观层面提供了药物与蛋白质相互作用的细节。第二步是为了改善该分子的体内代谢情况，基于第一步获得的蛋白质晶体结构，对化合物 **1** 中与蛋

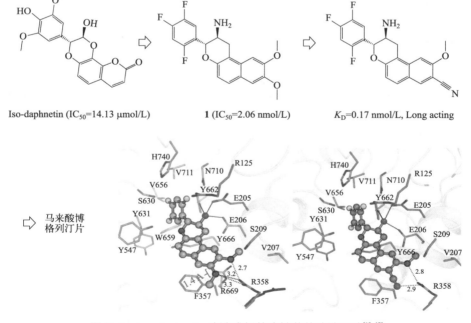

Iso-daphnetin (IC$_{50}$=14.13 μmol/L)　　　　**1** (IC$_{50}$=2.06 nmol/L)　　　　K_D=0.17 nmol/L, Long acting

马来酸博格列汀片

图 11-1　Iso-daphnetin 改造成长效降糖药的改造思路[10-12]

白质相互作用的基团进行优化，进一步增强了与蛋白质的相互作用，从而延长代谢时间。最终这个化合物以马来酸博格列汀片进入临床试验。可见蛋白质晶体学研究在药物结构的修饰过程中起着重要作用[13]。

参考文献

[1] Zhu L, Chen X, Abola E E, et al. Serial crystallography for structure-based drug discovery [J]. Trends Pharmacol Sci, 2020, 41: 830-839.

[2] Muller I. Guidelines for the successful generation of protein-ligand complex crystals [J]. Acta Crystallogr D Struct Biol, 2017, 73: 79-92.

[3] Nicholls R A. Ligand fitting with CCP4 [J]. Acta Crystallogr D Struct Biol, 2017, 73: 158-170.

[4] Emsley P, Debreczeni J E. The use of molecular graphics in structure-based drug design [J]. Methods Mol Biol, 2012, 841: 143-159.

[5] Hosfield D, Palan J, Hilgers M, et al. A fully integrated protein crystallization platform for small-molecule drug discovery [J]. J Struct Biol, 2003, 142: 207-217.

[6] Lange S M, Kulathu Y. Purification, crystallization and drug screening of the IRAK pseudokinases [J]. Methods Enzymol, 2022, 667: 101-121.

[7] Carvalho A L, Trincao J, Romao M J. X-ray crystallography in drug discovery [J]. Methods Mol Biol, 2009, 572: 31-56.

[8] Erlanson D A, Davis B J, Jahnke W. Fragment-based drug discovery: Advancing fragments in the absence of crystal structures [J]. Cell Chem Biol, 2019, 26: 9-15.

[9] Hoffman I D. Protein crystallization for structure-based drug design [J]. Methods Mol Biol, 2012, 841: 67-91.

[10] Zhang S D, Lu W Q, Liu X F, et al. Fast and effective identification of the bioactive compounds and their targets from medicinal plants via computational chemical biology approach [J]. Med Chem Commun, 2011, 2: 471-477.

[11] Li S, Xu H, Cui S, et al. Discovery and rational design of natural-product-derived 2-phenyl-3,4-dihydro-2H-benzo[f]chromen-3-amine analogs as novel and potent dipeptidyl peptidase 4 (DPP-4) Inhibitors for the treatment of type 2 diabetes [J]. J Med Chem, 2016, 59: 6772-6790.

[12] Li S, Qin C, Cui S, et al. Discovery of a natural-product-derived preclinical candidate for once-weekly treatment of type 2 diabetes [J]. J Med Chem, 2019, 62: 2348-2361.

[13] Andrews S P, Brown G A, Christopher J A. Structure-based and fragment-based GPCR drug discovery [J]. Chem Med Chem, 2014, 9: 256-275.